中等职业教育国家规划教材配套用书

机械制图习题集

(多学时)

第 4 版

金大鹰　主编

机械工业出版社

本习题集是在中等职业教育国家规划教材配套用书《机械制图习题集(多学时)》第3版的基础上，根据国务院2014年印发的《关于加快发展现代职业教育的决定》精神，依据《中等职业学校机械制图教学大纲》的基本要求，采用最新机械制图国家标准修订而成的。

本习题集共十一章，前九章为必修内容，后两章为选学内容。本习题集内容丰富，图形清晰、醒目，与教材同步，交融、互补。题型多、寓意深、角度新。习题有一定余量，为教师取舍、学生多练提供了方便。此外，在零件图、装配图部分还编排了一些有一定难度的看图题，并附有立体图，供学生自行选读。

本习题集适用于中等职业学校(普通中专、职高、技工学校等)机械类(或近机械类)各专业的制图教学，也可供职工培训使用或参考。

图书在版编目(CIP)数据

机械制图习题集：多学时/金大鹰主编. —4版.
—北京：机械工业出版社，2016.1（2023.8 重印）
中等职业教育国家规划教材配套用书
ISBN 978-7-111-52564-6

Ⅰ.①机… Ⅱ.①金… Ⅲ.①机械制图—中等专业学校—习题集 Ⅳ.①TH126-44

中国版本图书馆 CIP 数据核字(2015)第 308301 号

机械工业出版社(北京市百万庄大街22号 邮政编码100037)
策划编辑：杨民强　责任编辑：杨民强
责任校对：肖　琳　封面设计：马精明
责任印制：常天培
北京铭成印刷有限公司印刷
2023年8月第4版第8次印刷
260mm×184mm·10印张·243千字
标准书号：ISBN 978-7-111-52564-6
定价：25.00元

凡购本书，如有缺页、倒页、脱页，由本社发行部调换

电话服务　　　　　　　　网络服务
服务咨询热线：010-88379833　机 工 官 网：www.cmpbook.com
读者购书热线：010-88379649　机 工 官 博：weibo.com/cmp1952
　　　　　　　　　　　　　　教育服务网：www.cmpedu.com
封面无防伪标均为盗版　　金 书 网：www.golden-book.com

第 4 版前言

本习题集是根据国务院 2014 年印发的《关于加快发展现代职业教育的决定》精神,以《中等职业学校机械制图教学大纲》的基本要求为依据,在中等职业教育国家规划教材配套用书《机械制图习题集(多学时)》第 3 版的基础上,按最新机械制图国家标准修订而成的。与金大鹰主编的《机械制图(多学时)》第 4 版配套使用。

本习题集共十一章,分为三个模块:①基础模块——前九章,是学生的必修内容,也是应达到的基本要求;②选学模块——后两章,各校根据专业的实际需要自主选择;③综合实践模块——以零部件测绘为主,在必修、选学内容教学结束后,专用一周时间集中进行。

本习题集具有如下特点:

为了培养学生的看图和画图能力,尤其要侧重看图能力的培养,自投影作图起,即将看图与画图有机地结合在一起,步步相随。尤其为了突破看图难关,从点、直线、平面的投影开始,即以其轴测图为媒介,以识读一面视图为手段,加强投影的可逆性训练,逐步引导学生走上正确的看图之路,进而通过适时引入的形体分析法和线面分析法及试做层次渐进的习题,力求使学生把握开启画图、看图之门的两把钥匙,使其能力的培养得到强化。

本习题集内容丰富,与教材同步、交融、互补;题型多、寓意深、角度新,且具有典型性;除供理解、消化、巩固知识的基本习题外,还设计了一些开发智能的趣味题。应该指出的是,看图和画图能力的提高关键在"练"。为此,本习题集安排的习题较多,但并非要求都做,教师可以根据教学情况进行取舍,但组合体及其之前的习题应多做些。此外,本习题集中还有一些有一定难度的"看图选做题",并附有答案或立体图,这是为那些学有余力的学生而安排的自学题。

为了加强对学生绘制草图能力的训练,本习题集中设计了一些网格纸,以引导学生初步掌握徒手画图的技能,但这是远远不够的,只有在教学中不断坚持训练才能奏效。

本习题集图形准确、清晰、醒目,利于看图、方便画图,可提高教学效果。

本习题集适用于中等职业学校(普通中专、职高、技工学校等)机械类(或近机械类)各专业的制图教学,也可作为职工培训使用。

参加本习题集修订工作的有金大鹰、刘宇、高鹏、刘春兰、邓毅红、高鑫。由金大鹰任主编。

由于编者水平所限,习题集中的缺点在所难免,敬请广大读者批评指正。

> 为方便教学,本书配备了《机械制图教学多媒体课件》和《习题集答案》(PDF 版),凡选用本书作为教材的教师均可登录机械工业出版社教材服务网 www.cmpedu.com 免费下载。

目　　录

第 4 版前言
一、制图的基本知识和技能 ·· 1
二、投影基础 ·· 14
三、轴测图 ·· 42
四、立体的表面交线 ·· 48
五、组合体 ·· 56
六、机件的表达方法 ·· 79
七、常用零件的特殊表示法 ·· 101
八、零件图 ·· 112
九、装配图 ·· 132
十、第三角画法 ·· 141
十一、其他图样 ·· 144
十二、选做题答案 ·· 151

一、制图的基本知识和技能　1-1　字体综合练习。

螺母铸钢铁钉高低速轴左旋转方案要求销出口度量尺寸画斜线材料

均布与零件截面孔包减速机盖同钻铰刮平长度方主要基准后视测定内外径

0123456789RΦ　　abcdefghijklmnopqrstuvwxyz

班级　　　　　　　姓名　　　　　　　学号

1-2　字体综合练习。

丁字尺头紧靠图板可上下移动铅笔由左向右称重泵盖体装配后试验

投影面中心孔轴端倒角零件均布垫圈画圆长宽高技术要求相贯级其余加工

I II III IV V VI VII VIII IX X　　ABCDEFGHIJKLMNOPQRSTUVWXYZ

班级　　　　　　姓名　　　　　　学号

1-3 图线练习。

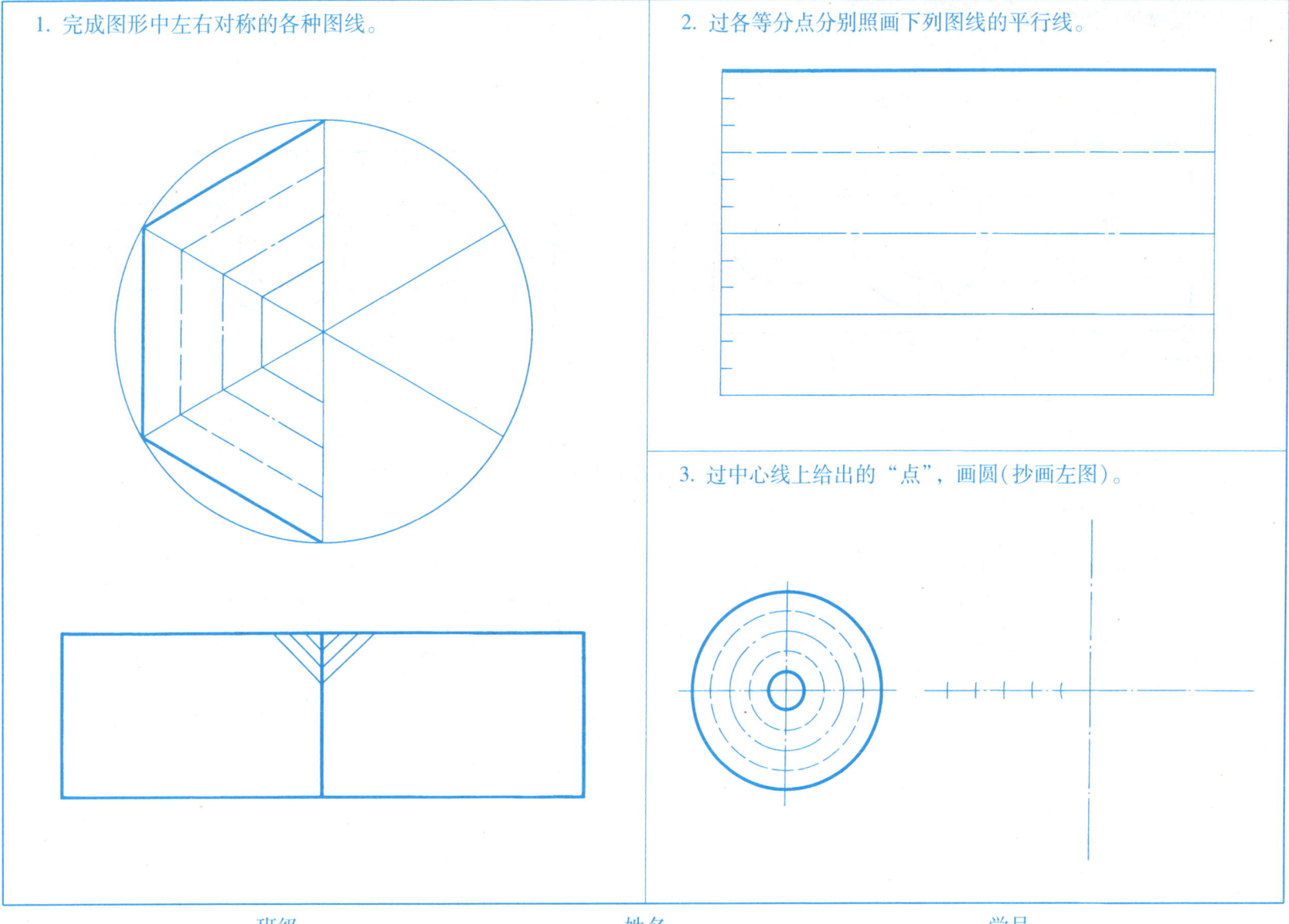

1-4 尺寸注法。

1. 对比阅读下列两图中的尺寸注法，以防止初学者标注尺寸时常犯的错误。

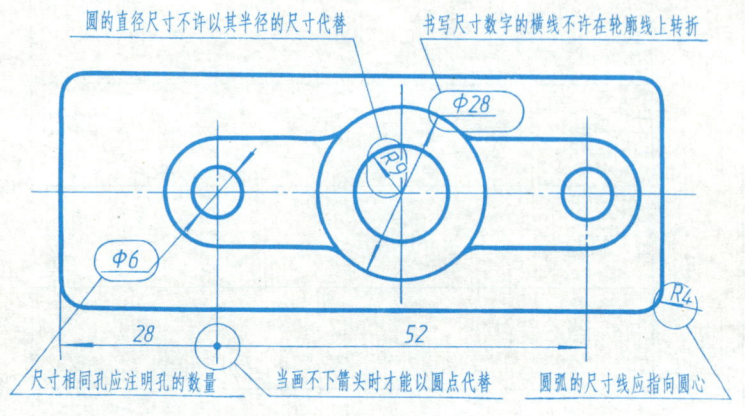
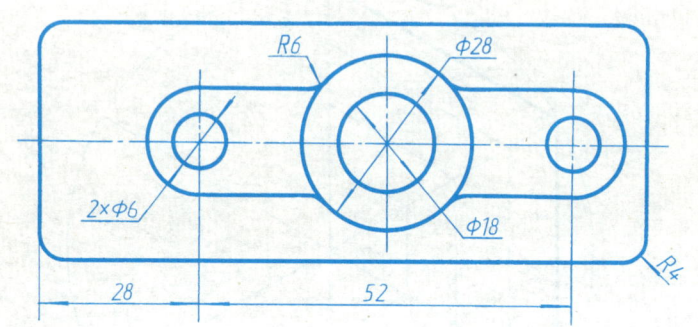

2. 在下图中填写未注的尺寸数字和补画遗漏的箭头，其数字的大小及箭头的形状和大小，以图中注出的数字和箭头为准，尺寸数值按 1：1 的比例从图中量取整数。

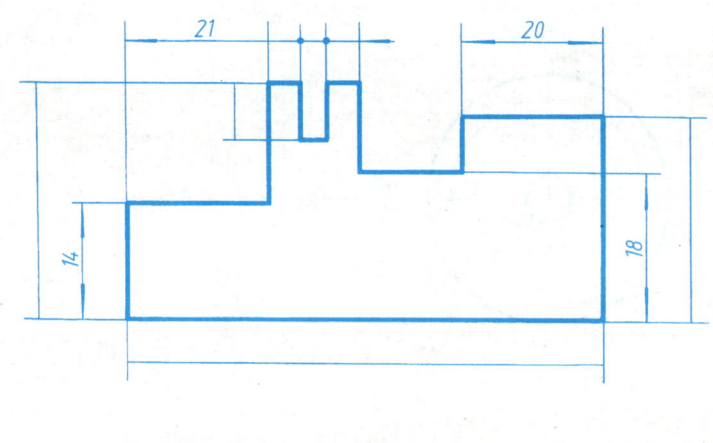

| 班级 | 姓名 | 学号 |

1-5 尺寸注法。

1. 检查左图尺寸注法的错误，将正确注法注在右图中。

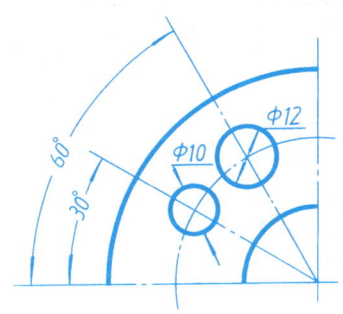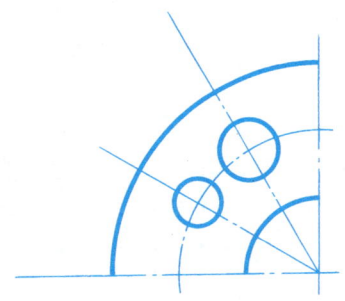

2. 填写尺寸数字（下图是按 1∶2 的比例绘制的）。

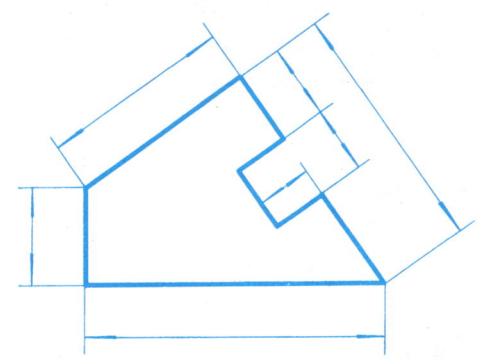

3. 将左图中的尺寸，标注在右图中。

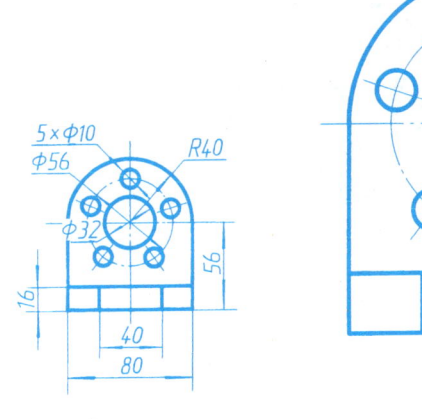

4. 分析下图中小尺寸的各种注法，并在相应图中模仿注出。

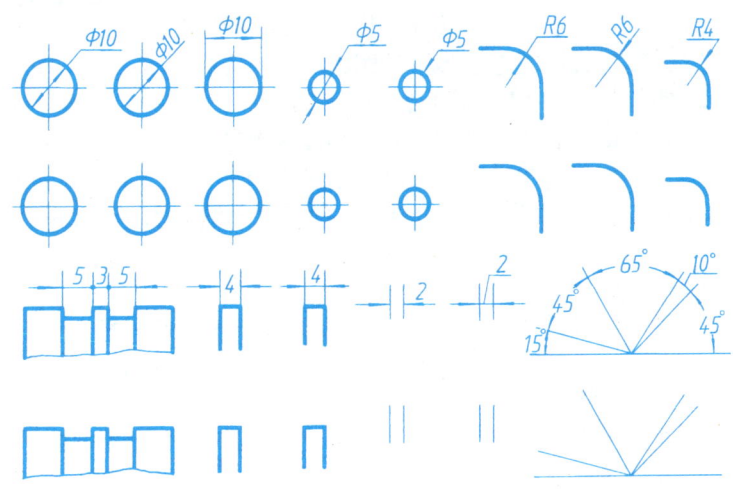

1-6 线型作业。

作业1 线 型

(一) 作业目的

1. 熟悉主要线型的规格。
2. 掌握图框及标题栏的画法。
3. 练习使用绘图工具。

(二) 内容与要求

1. 绘制图框和标题栏。
2. 按图例要求绘制各种图线。
3. 用 A4 图纸，竖放，不注尺寸，比例为 1∶1。

(三) 绘图步骤

1. 画底稿(用铅笔)。
(1) 画图框。
(2) 在右下角画标题栏。
(3) 按图例中所注的尺寸，从图纸有效幅面的中心处(标题栏以上图框对角线的交点)开始作图。
(4) 校对底稿，擦去多余的图线。
2. 铅笔加深(用 HB 或 B 铅笔)。
(1) 画粗实线圆、细虚线圆和细点画线圆。
(2) 按上述画线顺序依次画出水平方向和垂直方向的直线。
(3) 画左、右两组 45°的斜线，斜线间隔约为 3mm(目测)。
(4) 用标准字体填写标题栏。

(四) 注意事项

1. 各种图线必须符合国标的规定。粗实线宽度宜采用 0.7mm。
2. 为了保证线型符合标准，细虚线和细点画线的长画与间隔，在画底稿时，就应正确画出。
3. 细点画线的长画与点要一次画出，不要画好长画后再加点。
4. 作图要细致耐心，不要轻易换纸重画。

(五) 图例(见右图)

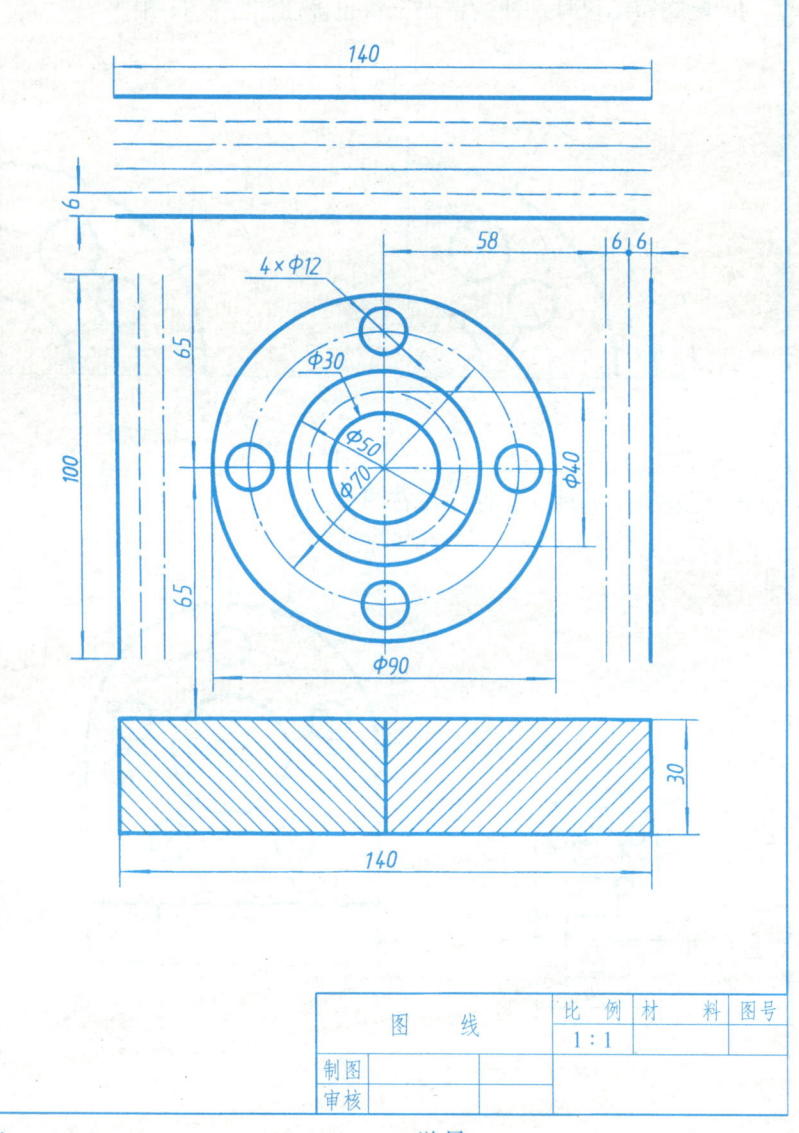

班级　　　　　姓名　　　　　学号

1-7 等分圆周。

1. 按右上角的图例，完成下图（前四题用圆规取等分点，再用30°~60°三角板验证并作图）。

(1)

(2)

(3)

(4)

(5)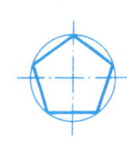

2. 按左面的图例，以 2∶1 的比例完成右图。

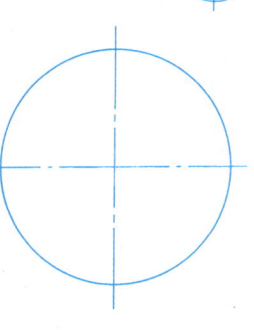
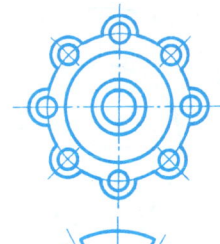
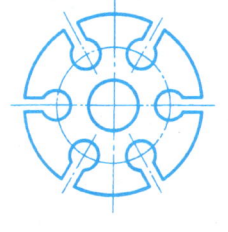
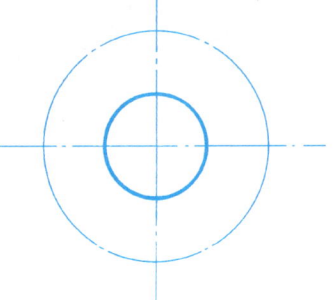

班级　　　　　　　姓名　　　　　　　学号

1-8 完成下列图形的线段连接（比例为 1∶1），标出连接弧圆心和切点。

1.

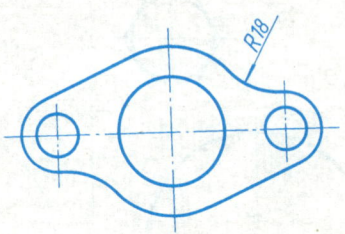

2.

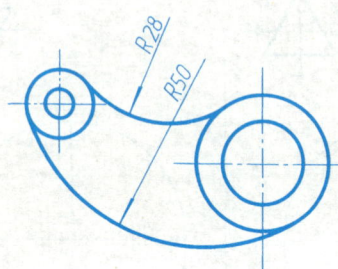

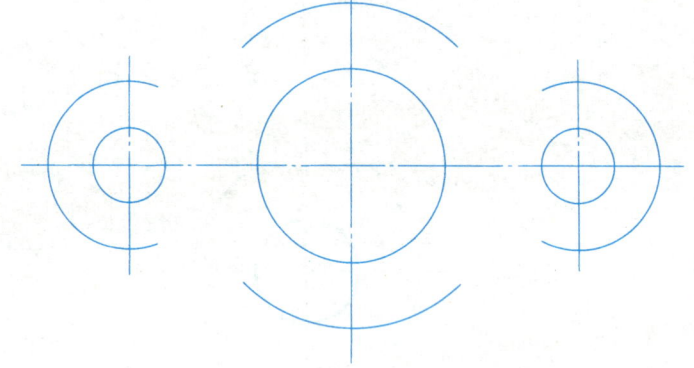

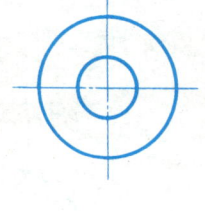

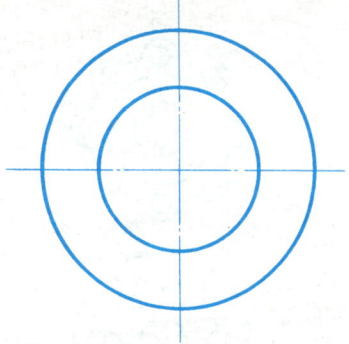

班级　　　　　　　　　　　姓名　　　　　　　　　　　学号

1-9 完成下列图形的线段连接(比例为 1∶1),标出连接弧圆心和切点。

1.

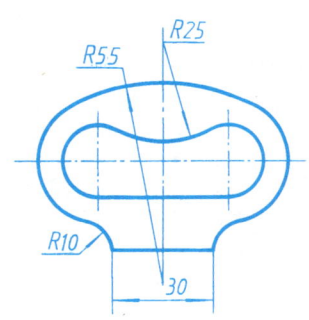

2.

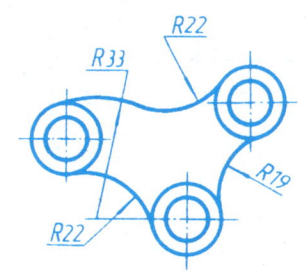

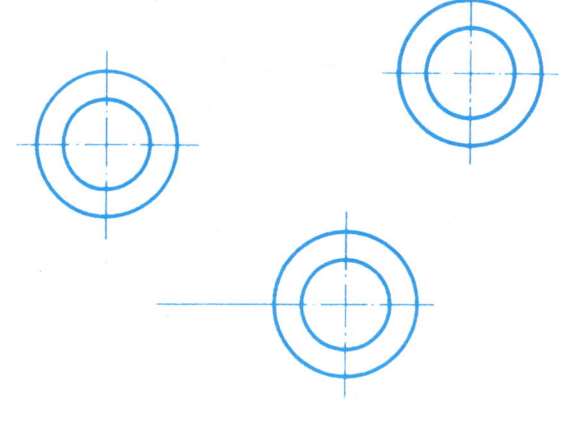

| 班级 | 姓名 | 学号 |

1-10　1、2题：按1∶1抄画图形，并标注斜度、锥度。

1.

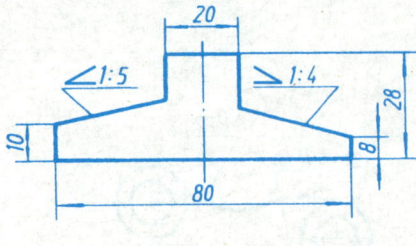

3. 画出长轴为 80mm、短轴为 50mm 的椭圆（用四心近似画法）。

2.

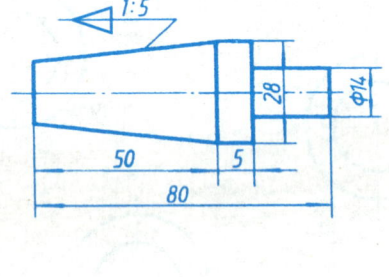

班级　　　　　　姓名　　　　　　学号

1-11 平面图线作业。

作业2 平面图形

（一）作业目的
1. 熟悉平面图形的绘制过程及尺寸标注方法。
2. 掌握线型规格及线段连接技巧。

（二）内容与要求
1. 按教师指定的题号绘制平面图形，并标注尺寸。
2. 用 A4 图纸，自己选定绘图比例及图纸横放或竖放。

（三）作图步骤
1. 分析图形。分析图形中的尺寸作用及线段性质，从而决定作图步骤。
2. 画底稿。
（1）画图框及标题栏。
（2）画出图形的基准线、对称线及圆的中心线等。
（3）按已知线段、中间线段、连接线段的顺序，画出图形。
（4）画出尺寸界线、尺寸线。
3. 检查底稿。
4. 铅笔加深图形。
5. 画箭头、标注尺寸、填写标题栏。
6. 校对及修饰图形。

（四）注意事项
1. 在布置图形时，应考虑标注尺寸的位置。
2. 画底稿时，作图线应轻而准确，并应找出连接弧的圆心及切点。
3. 加深时必须细心，按"先粗后细，先曲后直，先水平后垂直、倾斜"的顺序绘制，应做到同类图线规格一致，线段连接光滑。
4. 箭头应符合规定，并且大小一致。

5. 不要漏注尺寸或漏画箭头。
6. 用标准字体填写尺寸数字及标题栏。

（五）图例

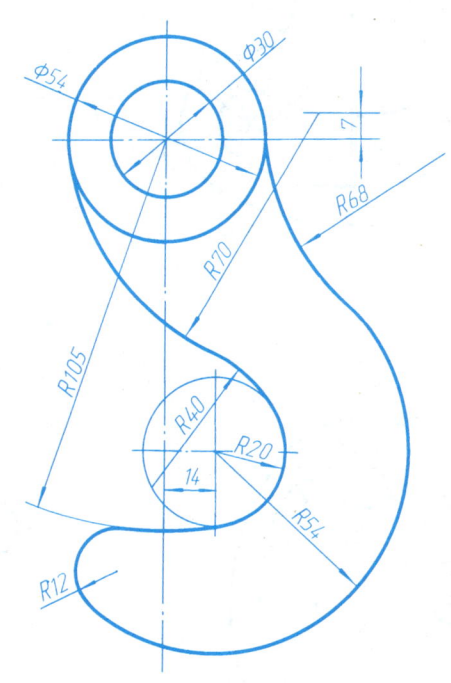

平面图形	比例	材料	图号
	1:1		
制图			
审核			

班级　　　　　姓名　　　　　学号

1-12 平面图形作业题。

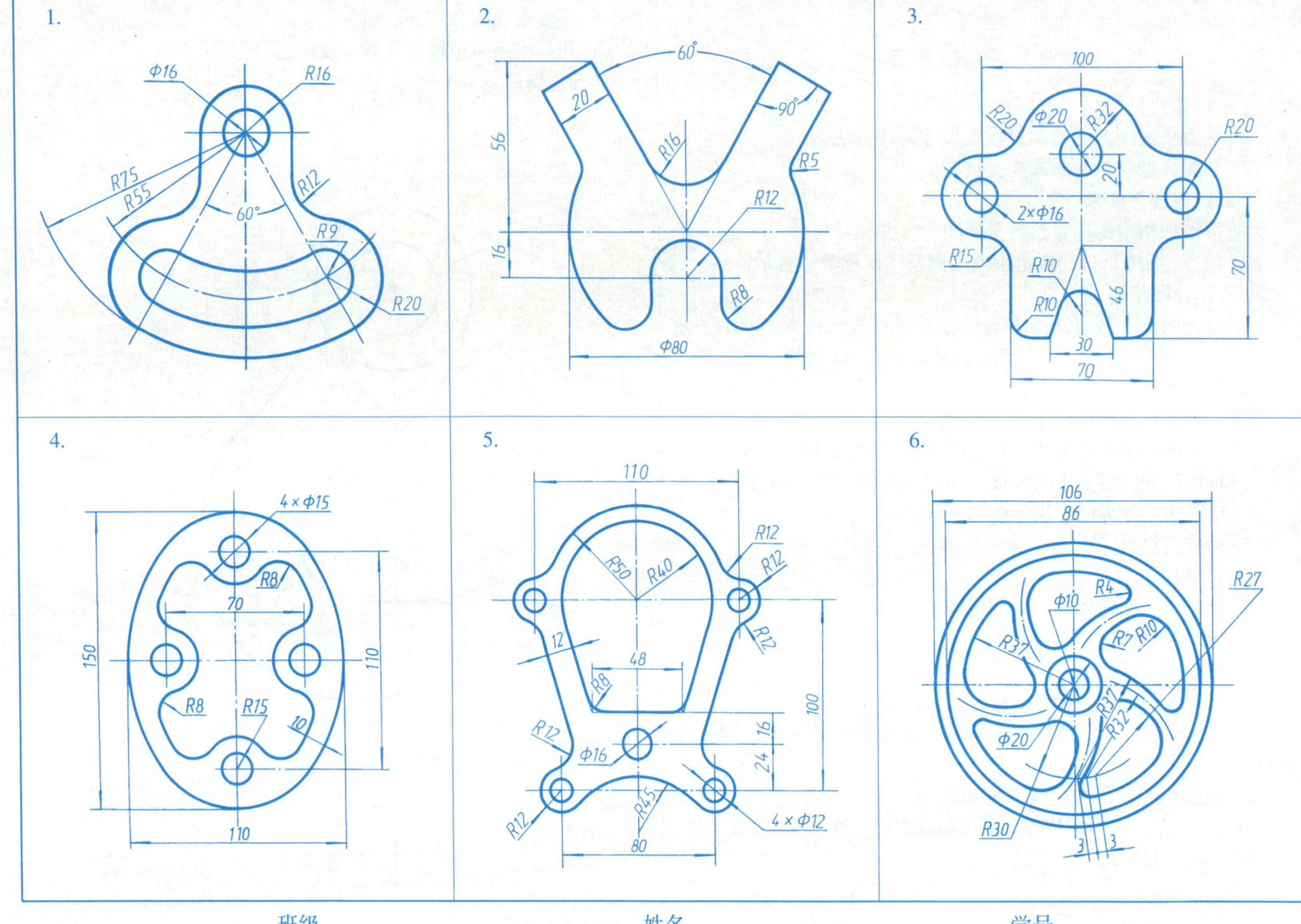

班级　　　　　　　　　　　姓名　　　　　　　　　　　学号

1-13 徒手画出下列图形(比例 1∶1)。

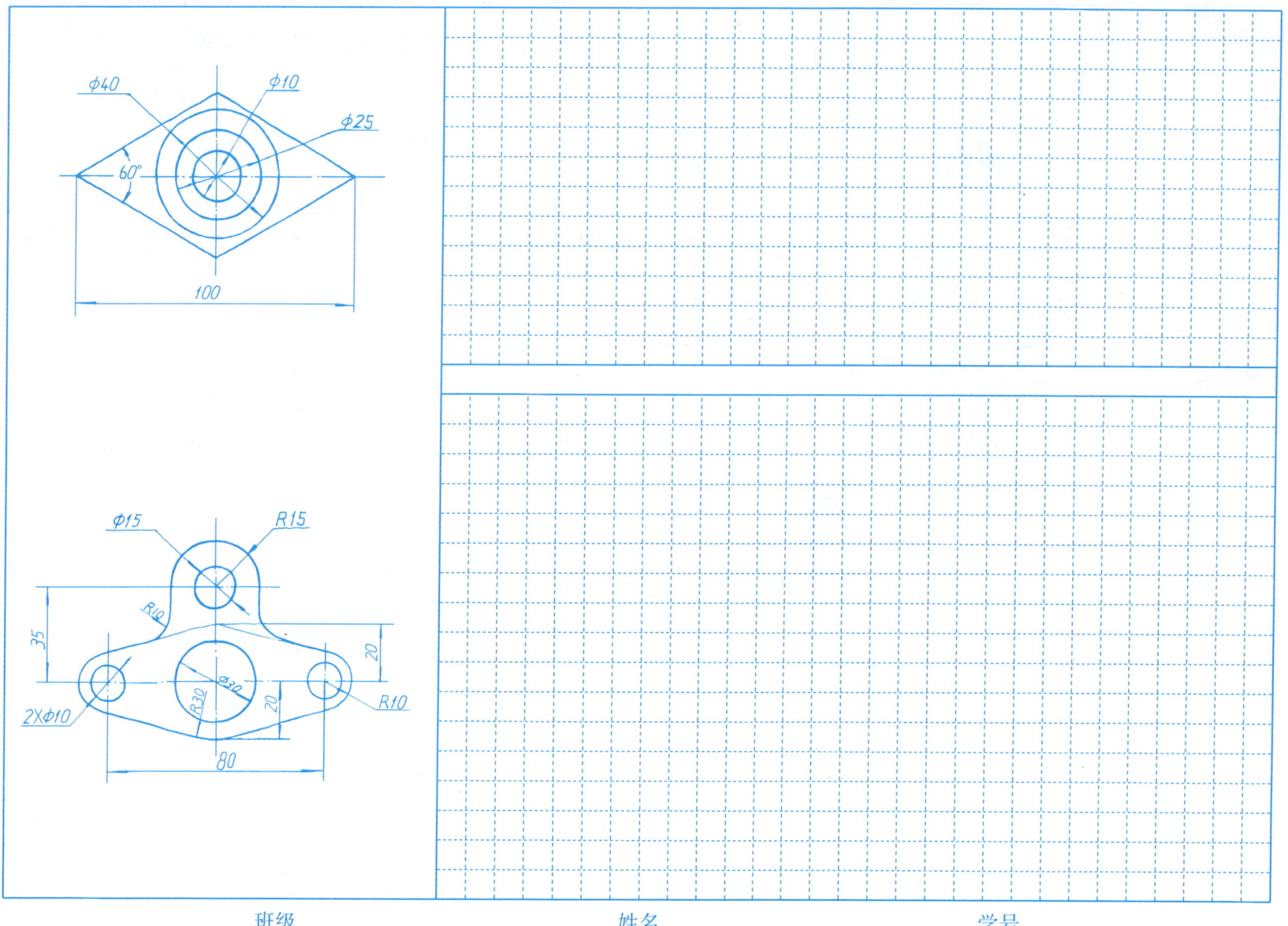

班级　　　　　　　　　姓名　　　　　　　　　学号

13

二、投影基础　2-1　分析三视图的形成过程，并填空说明三视图之间的关系。

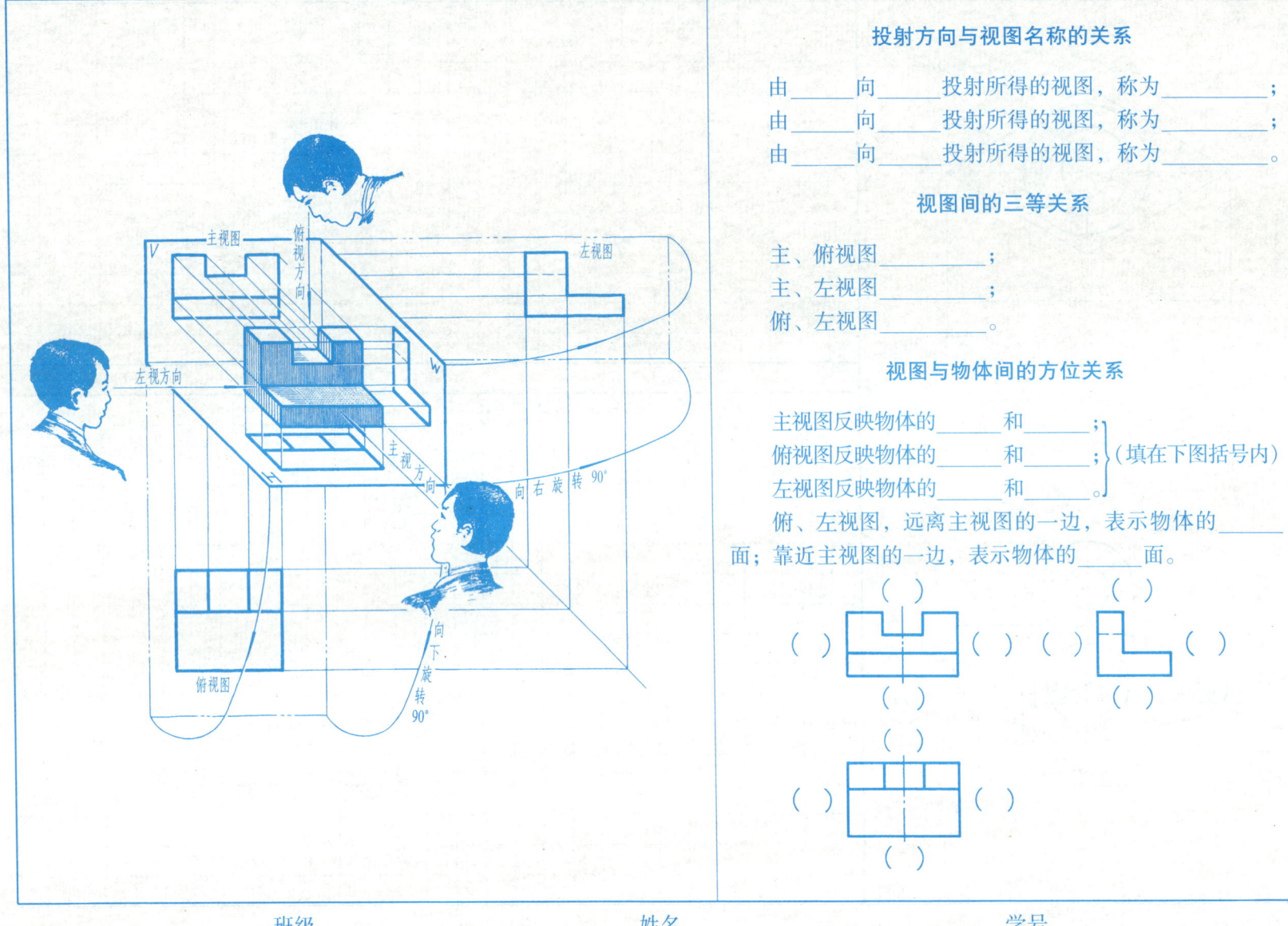

投射方向与视图名称的关系

由＿＿＿向＿＿＿投射所得的视图，称为＿＿＿＿；
由＿＿＿向＿＿＿投射所得的视图，称为＿＿＿＿；
由＿＿＿向＿＿＿投射所得的视图，称为＿＿＿＿。

视图间的三等关系

主、俯视图＿＿＿＿＿＿；
主、左视图＿＿＿＿＿＿；
俯、左视图＿＿＿＿＿＿。

视图与物体间的方位关系

主视图反映物体的＿＿＿和＿＿＿；
俯视图反映物体的＿＿＿和＿＿＿；（填在下图括号内）
左视图反映物体的＿＿＿和＿＿＿。
俯、左视图，远离主视图的一边，表示物体的＿＿＿面；靠近主视图的一边，表示物体的＿＿＿面。

班级　　　　姓名　　　　学号

2-2 分析下列三视图,辨认其相应的轴测图,并在圆圈内填上相应三视图的编号。

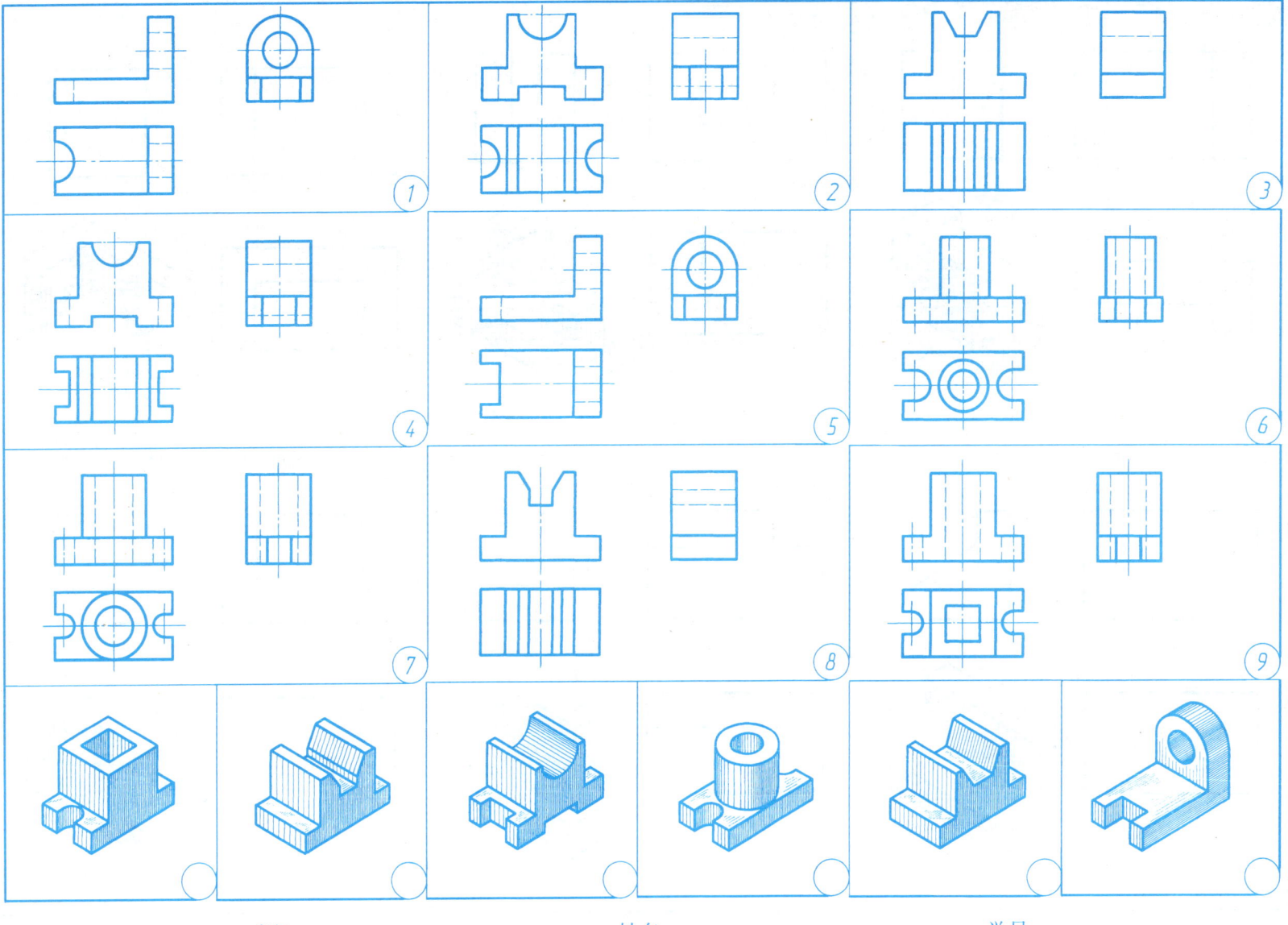

2-3 将轴测图上表示投射方向的箭头，注上"主视""俯视"或"左视"，然后参照轴测图补画视图中所缺的图线。

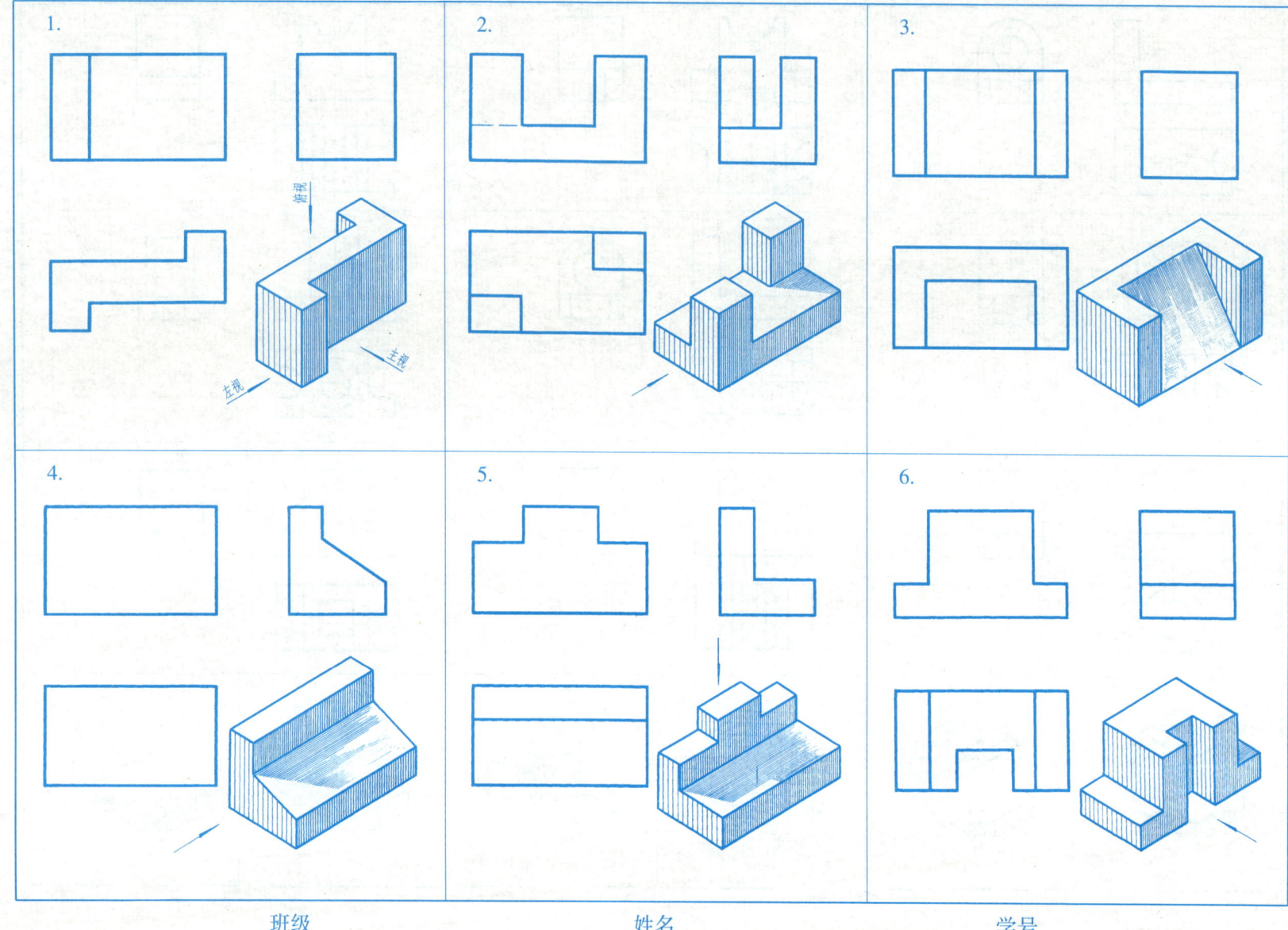

2-4 第1、2、3题：根据两视图，参照轴测图补画所缺的第三视图；第4题：根据俯视图，完成主、左视图(形状自定)。

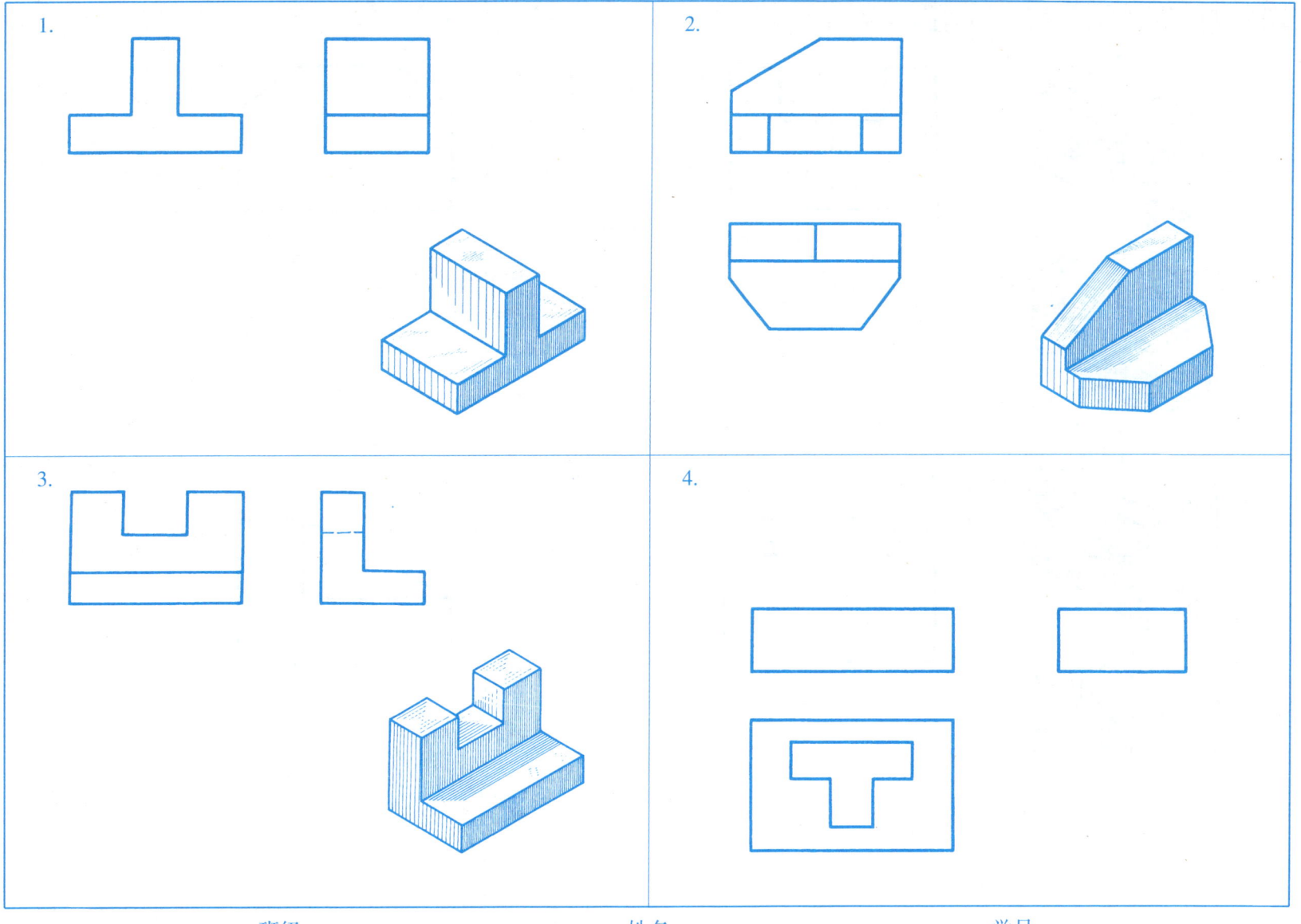

班级　　　　　　　　姓名　　　　　　　　学号

2-5 根据轴测图辨认其主视图，并补画俯、左视图（宽度根据轴测图上注的尺寸，按 1∶1 作图）。

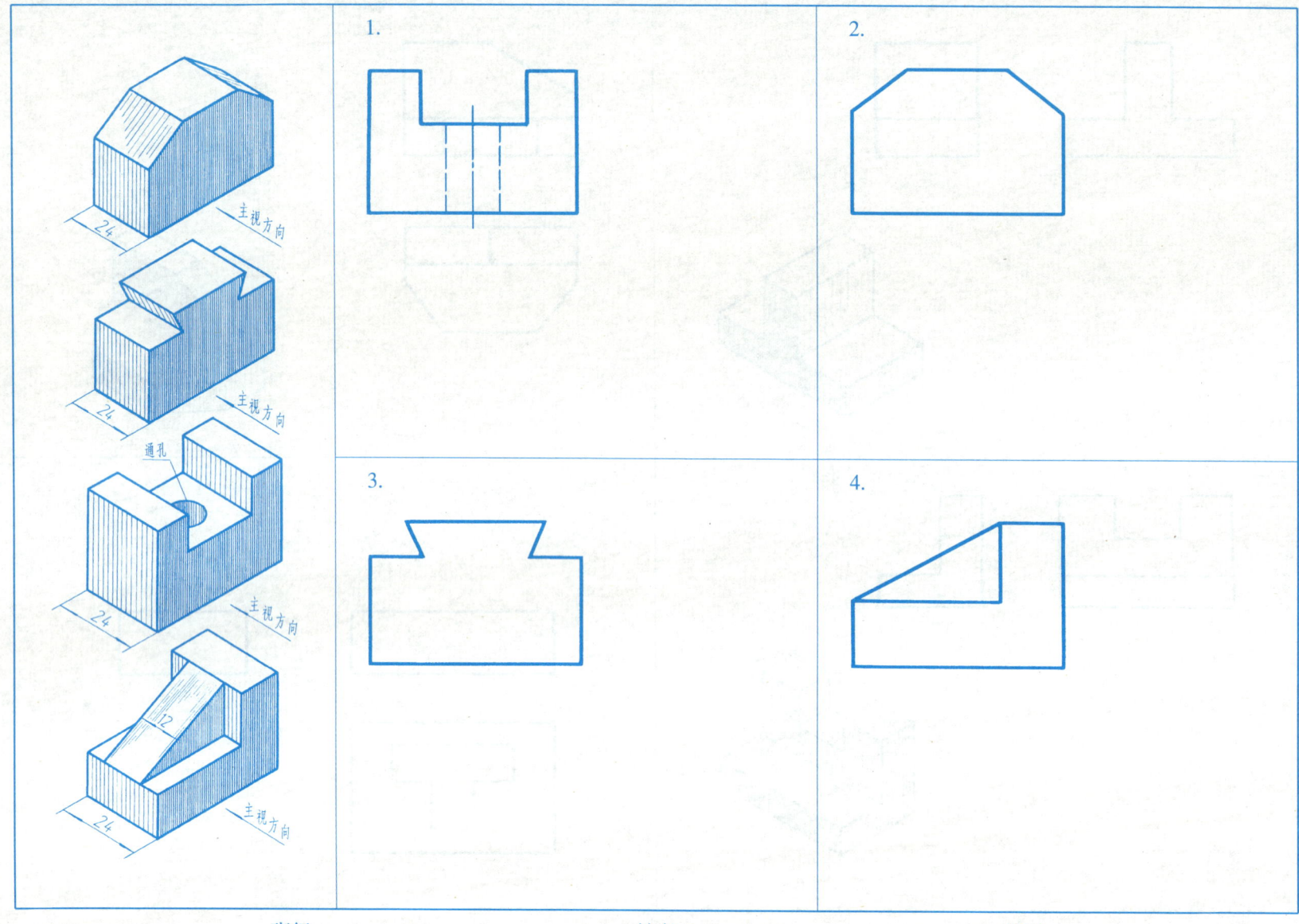

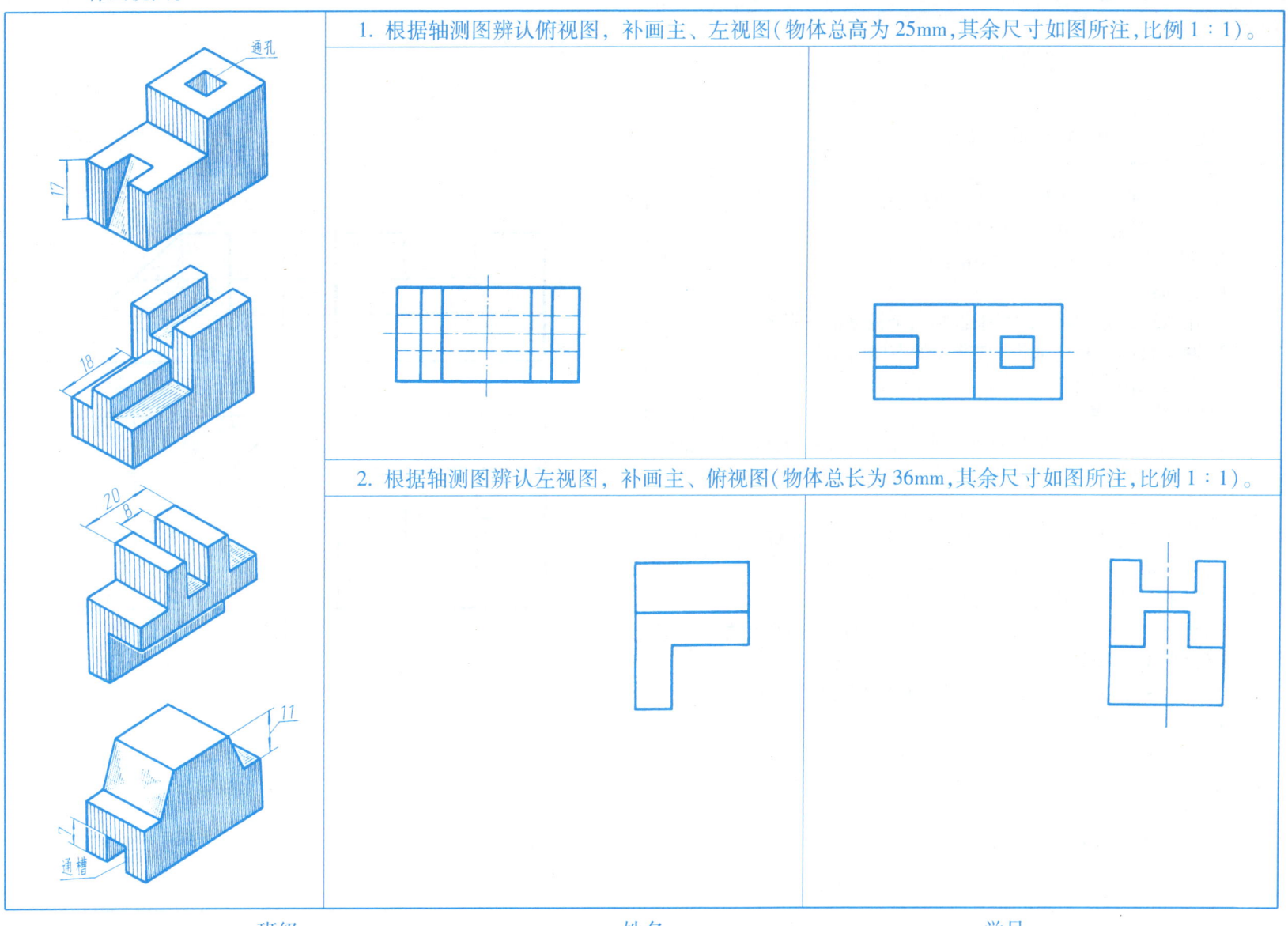

2-7 三视图作业。

作业 3 三 视 图

（一）内容

根据模型（或轴测图）画三视图。

（二）目的

1. 初步掌握根据模型画三视图的方法。
2. 掌握三视图之间的对应关系。
3. 进一步掌握制图工具和用品的使用方法。

（三）要求

1. 用 A3 图纸，横放，每张纸画六个模型的三视图。
2. 画出投影轴和全部投影连线（如右图所示）。
3. 绘图比例自定。

（四）作图步骤

1. 先用细实线将图纸的有效作图面积均匀分成六格。布图时，三视图之间的距离应适当，六组三视图的总体布局也应协调、匀称。
2. 主视图的选择，应能明显地表现模型的形状特征。一般常以模型的最大尺寸作为长度方向的尺寸。在决定主视图投射方向时，还应考虑到各个视图中的细虚线越少越好。
3. 作图时，首先画出投影轴，其次画外形轮廓线，再按顺序画内部轮廓线，画好底稿。
4. 底稿完成后，经检查、修正，再按线型的规格描深。

（五）注意事项

1. 三视图应按规定的位置配置，且符合"长对正、高平齐、宽相等"的关系。
2. 度量模型尺寸所得的小数，画图时要化为整数。
3. 应注意细虚线与其他线相交处的画法。

（六）图例

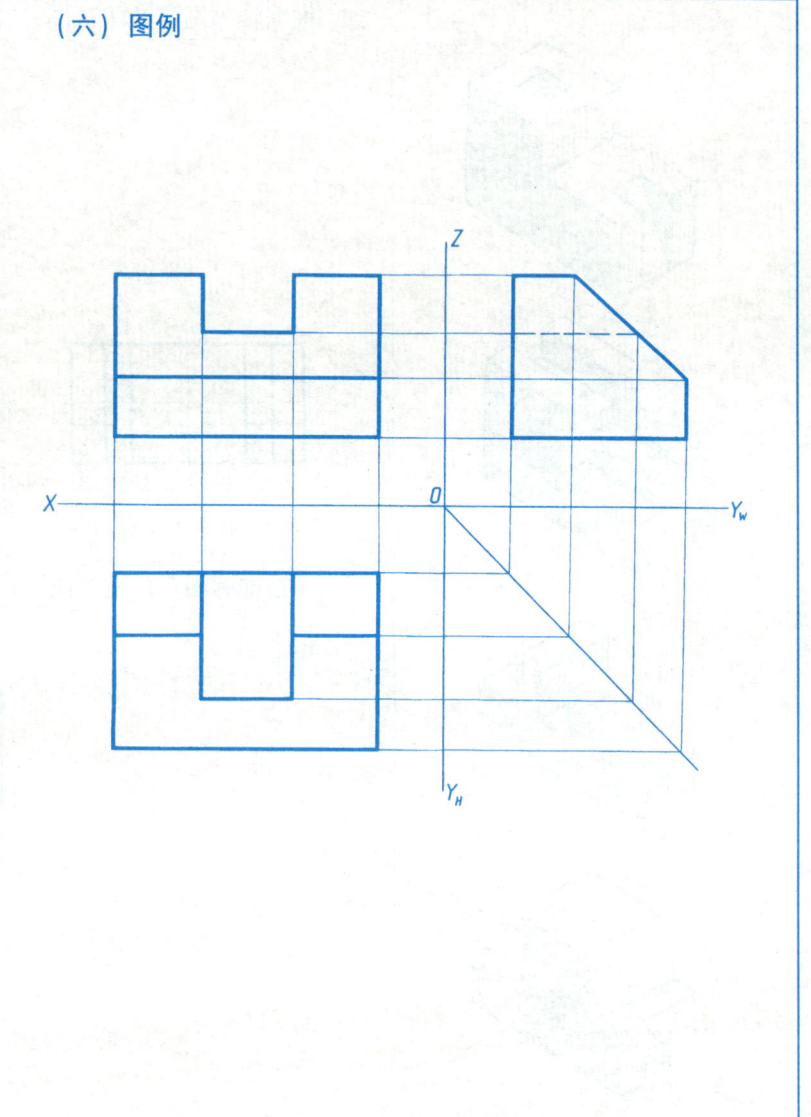

班级　　　　姓名　　　　学号

2-8 在轴测图中量取尺寸的方法及根据轴测图画三视图。

1. 根据轴测图画三视图时，怎样度量尺寸呢？

轴测图中的轴测轴 X_1、Y_1、Z_1 与三视图中的投影轴 OX、OY、OZ 有着一一对应的关系。在正等轴测图（图 a）中度量尺寸时，凡与 X_1、Y_1、Z_1 轴平行的线段，均可按 1∶1 取至三视图中，且应分别与 OX、OY、OZ 轴相平行。但与 X_1、Y_1、Z_1 轴不平行的线段，即轴测图中的斜线不可直接量取。作图时，只能依据该斜线两端点的坐标，先定点（图 b），再连线（图 c）。

此外，画图时还应注意，轴测图中相互平行的线段，在三视图中也一定相互平行。

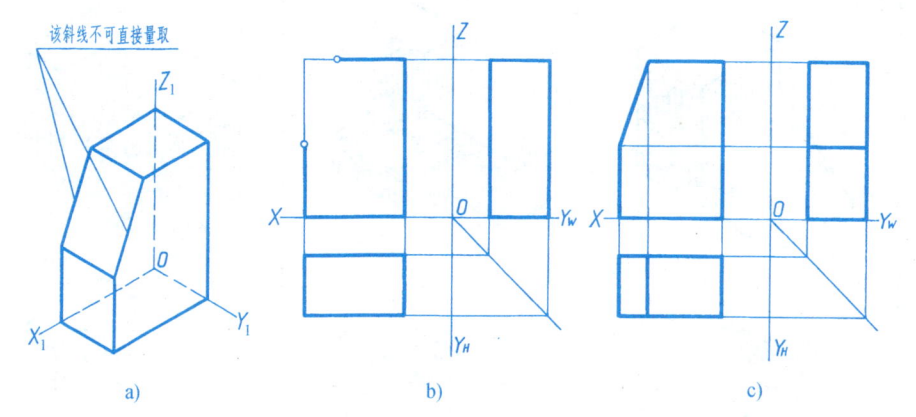

a)　　　　　　　b)　　　　　　　c)

2. 根据正等轴测图，画三视图（比例 2∶1）。

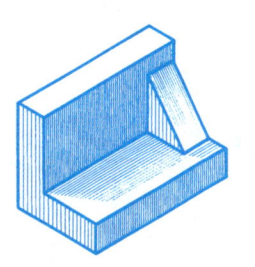

3. 根据正等轴测图，画三视图（比例 2∶1）。

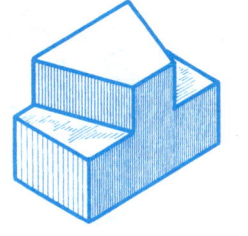

班级　　　　　　　姓名　　　　　　　学号

2-9 根据轴测图画三视图作业题。

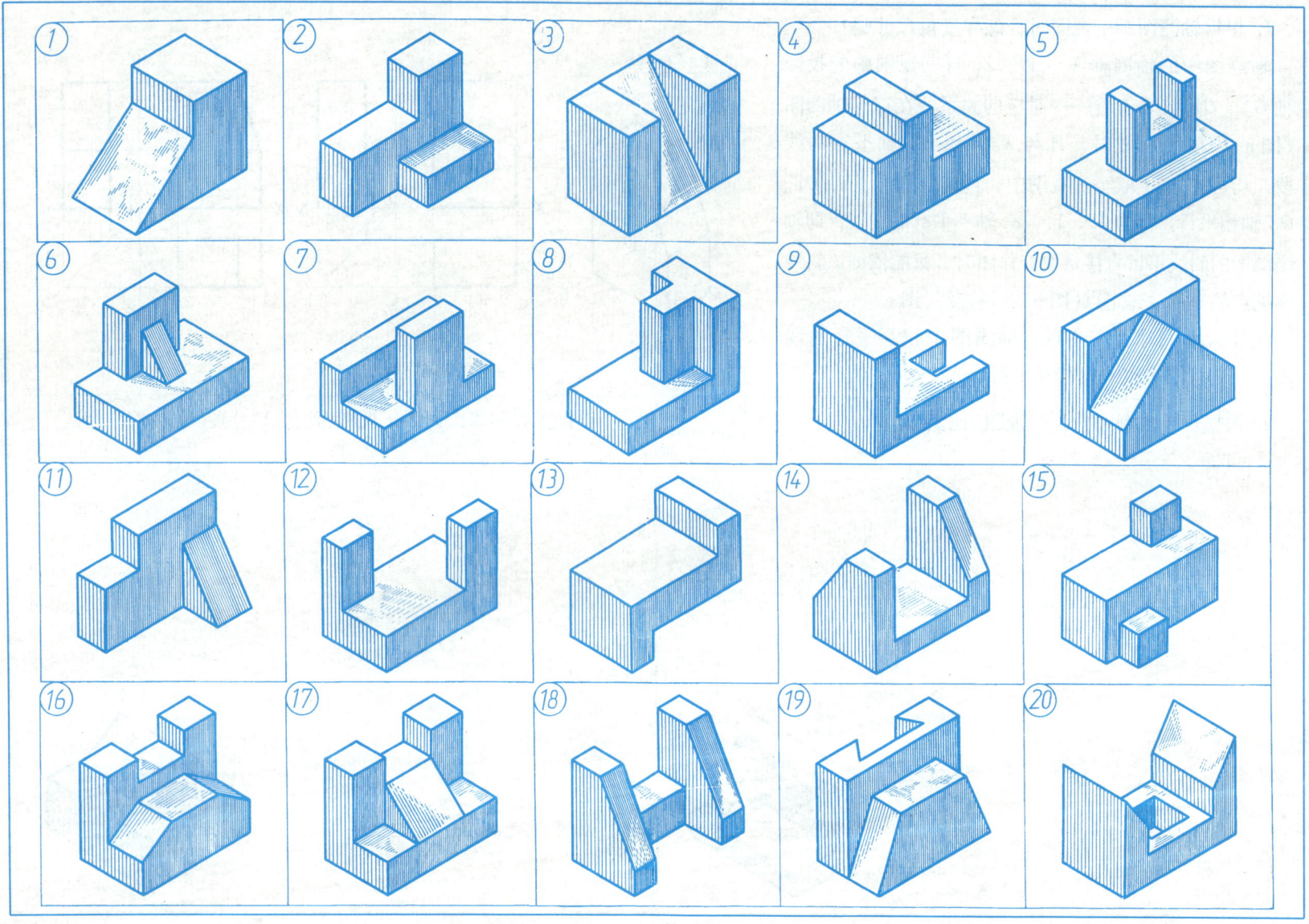

2-10 依据 2-9 题，徒手绘制三视图（在左上角写上相应轴测图的编号）。

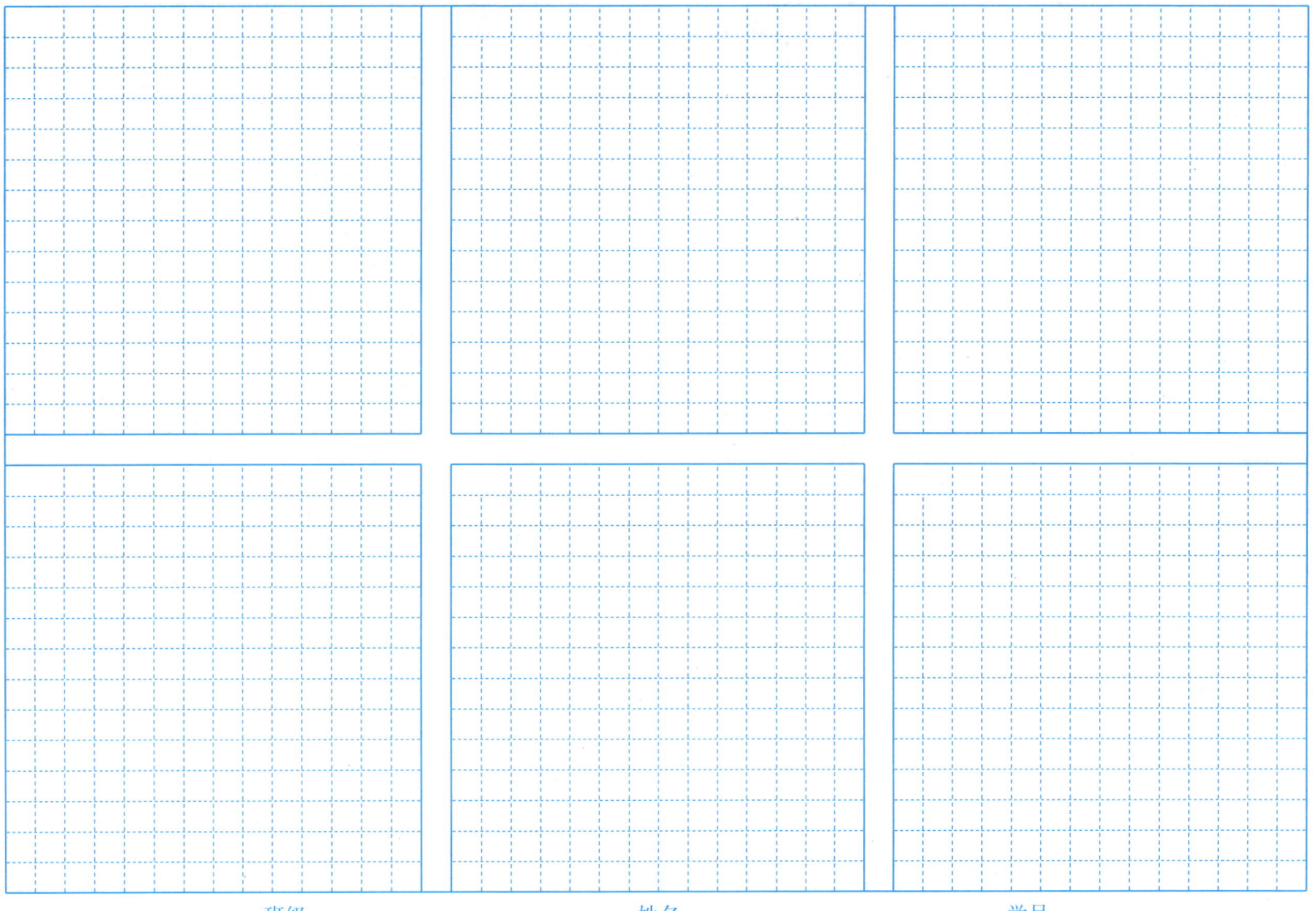

班级　　　　　　　　　　姓名　　　　　　　　　　学号

2-11 依据 2-9 题，徒手绘制三视图（左上角写上相应轴测图的编号）

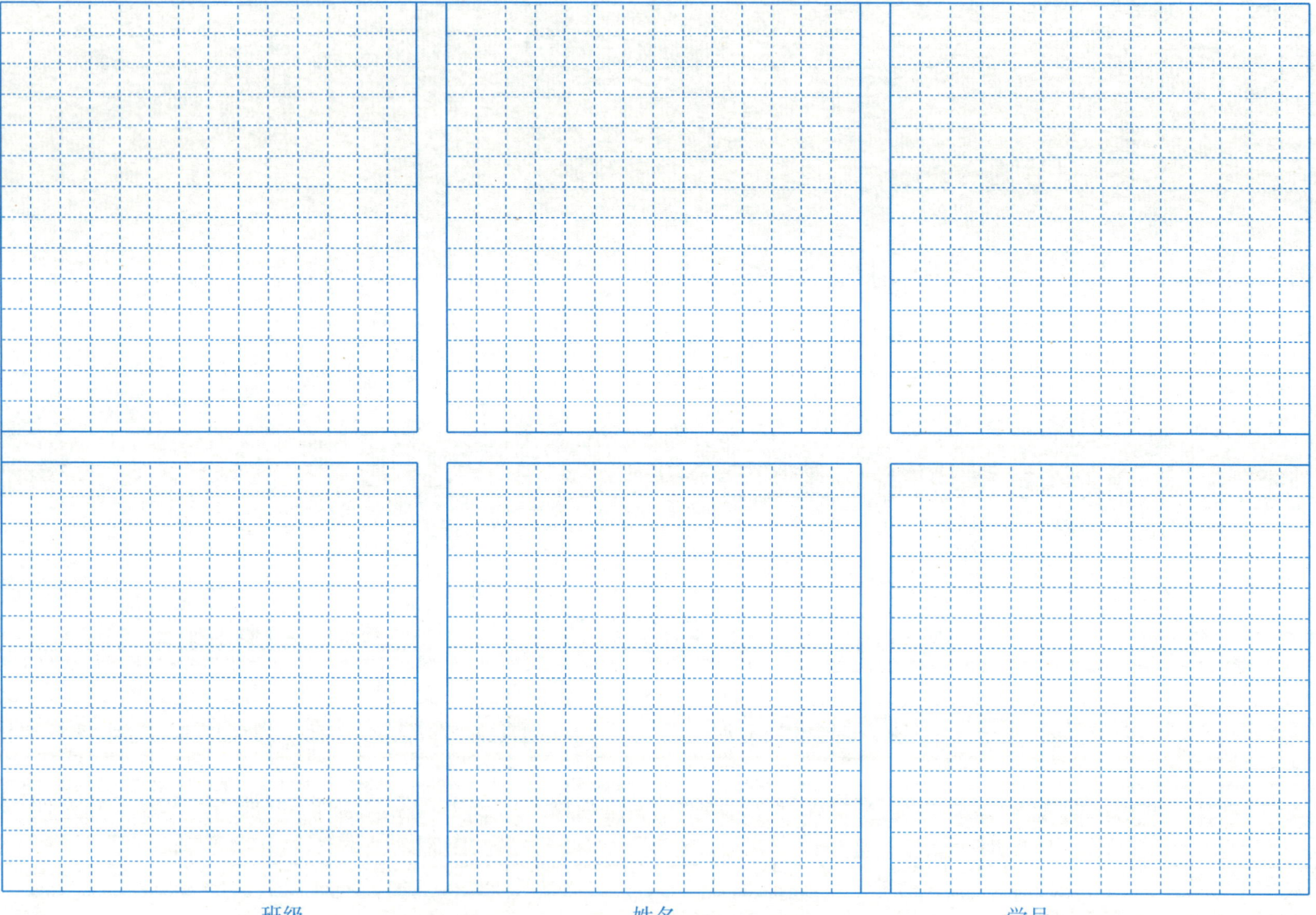

班级　　　　　　　　　　姓名　　　　　　　　　　学号

2-12 点的投影。

1. 完成点 A 的轴测图（图1）；根据图1求作点 A 的三面投影图（图2）；再根据图2求作点 A 的轴测图（图3）（X、Y 值均增大一倍，Z 值不变），注全各图中的投影符号，并写出点 A 的坐标。

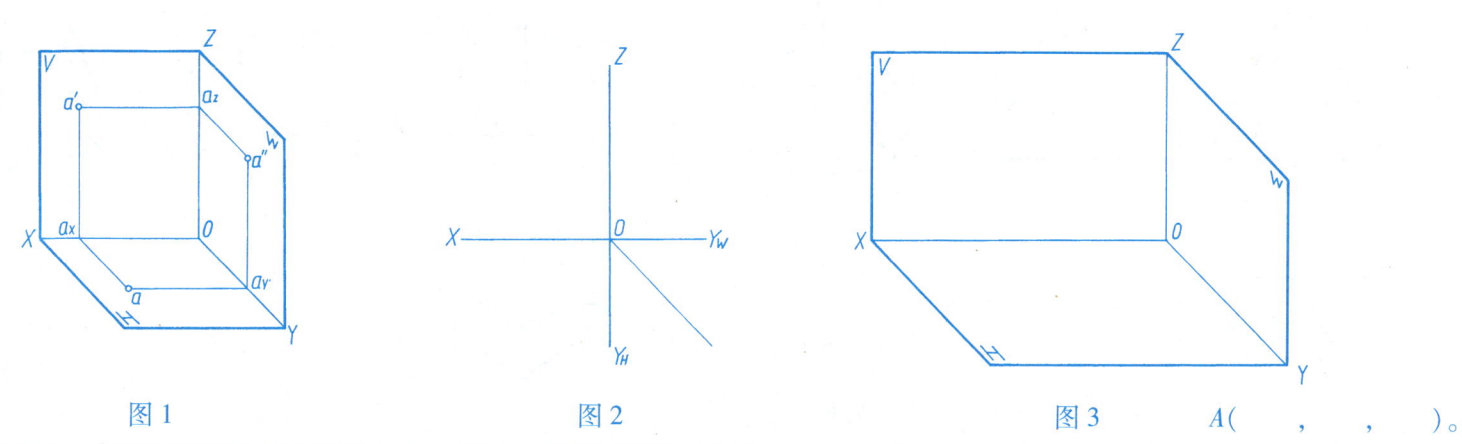

图1　　　　　　　　　　图2　　　　　　　　　　图3　　A(　，　，　)。

2. 分别画出各四棱锥锥顶的投影连线，补全投影的标号，再比较锥顶点 Ⅰ、Ⅱ 的相对位置。

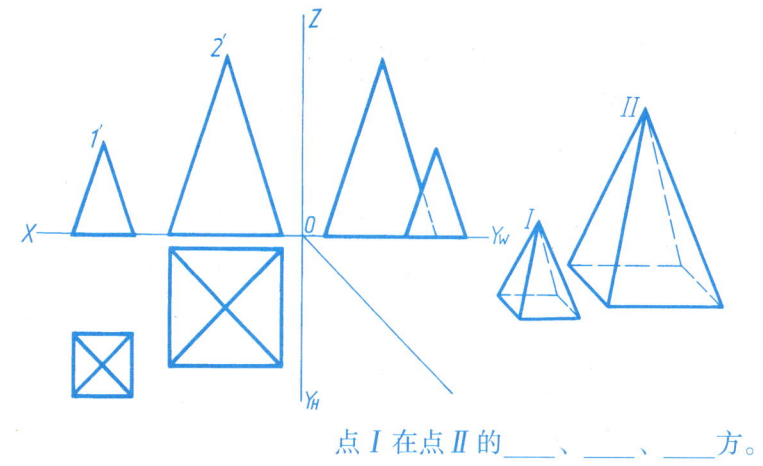

点 Ⅰ 在点 Ⅱ 的 ___、___、___ 方。

3. 已知点 A、点 B 的一面投影，又知点 A 距 H 面 20mm，点 B 在 V 面上，求作点 A、点 B 的另两面投影。

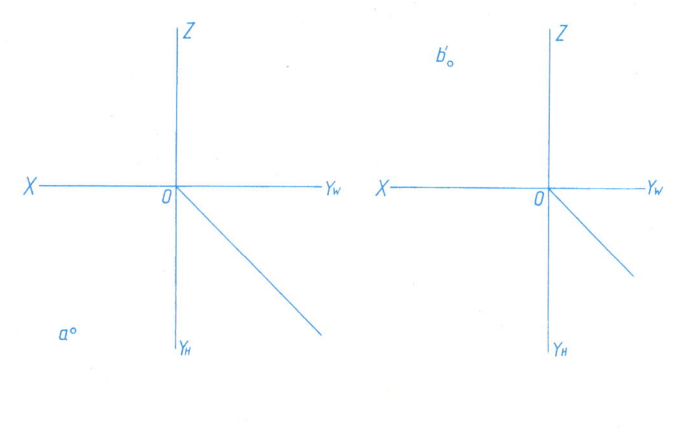

班级　　　　　　　　　姓名　　　　　　　　　学号

2-13 点的投影。

1. 已知正六棱锥的三视图，试量出锥顶点 S 的坐标值（取整数），并写出该点到各投影面的距离。

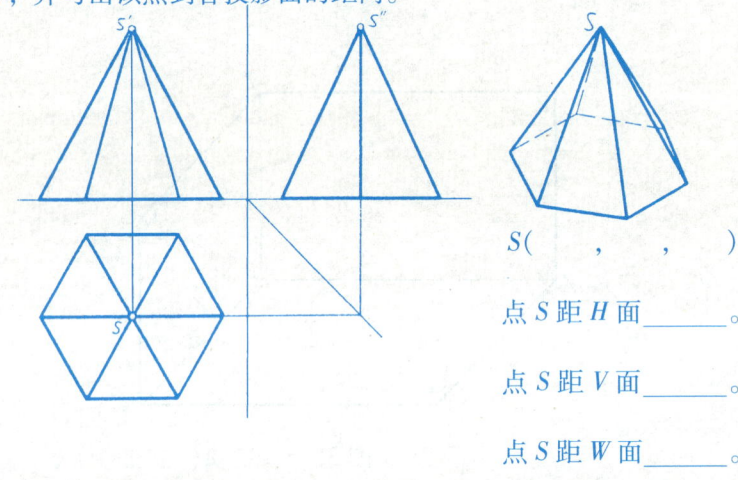

S(， ，)

点 S 距 H 面_____。

点 S 距 V 面_____。

点 S 距 W 面_____。

2. 在正五棱台的主、左视图和轴测图上，注出俯视图中标注的相应字母，并比较两点的相对位置。

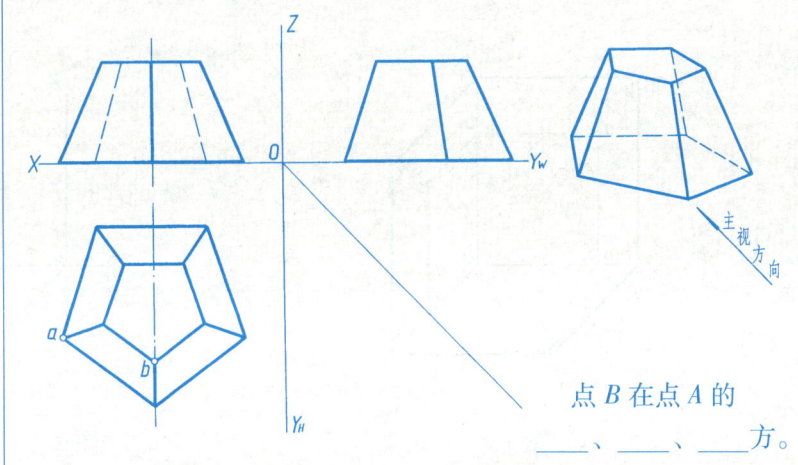

点 B 在点 A 的

___、___、___方。

3. 已知点 E 在 W 面上，点 F 在 H 面上。在轴测图上标出 e、e'、e″及 f、f'、f″；根据给出的二面投影，求 e 及 f″，并写出两点的坐标。

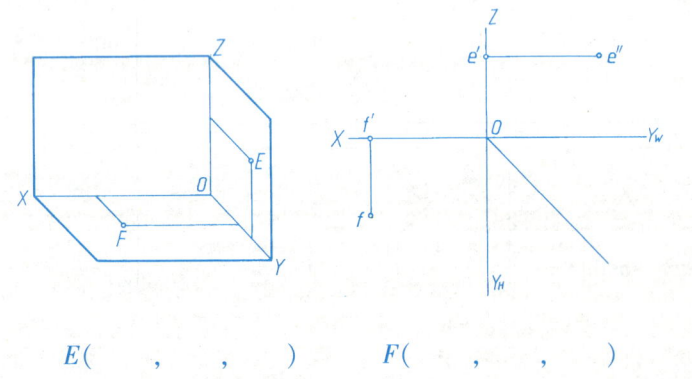

E(， ，)   F(， ，)

4. 填空。

（1）若点 A 的 X、Y、Z 坐标均小于点 B 的 X、Y、Z 坐标，则点 B 在点 A 的___、___、___方。

（2）已知点 A(30,10,20)，则点 A 距 V 面为_____，距 H 面为_____，距 W 面为_____（以 mm 为单位）。

（3）当点有一个坐标为 0 时，则该点一定在某一_____上。如：点 A 的____坐标为 0，则点 A 一定在____投影面上。

（4）当点有两个坐标为 0 时，则该点一定在某一_____上。如：点 A 的 X、Z 坐标为 0，则点 A 一定在____轴上。

班级   姓名   学号

2-14 点的投影。

1. 已知正三棱锥的俯视图，又知锥顶 S 距 H 面 24mm，锥底位于 H 面上，试补画主、左视图。

3. 已知点 A 的空间位置和投影图，以及点 B 的坐标(35, 14, 6)，试完成直线 AB 的轴测图和投影图(单位：mm)。

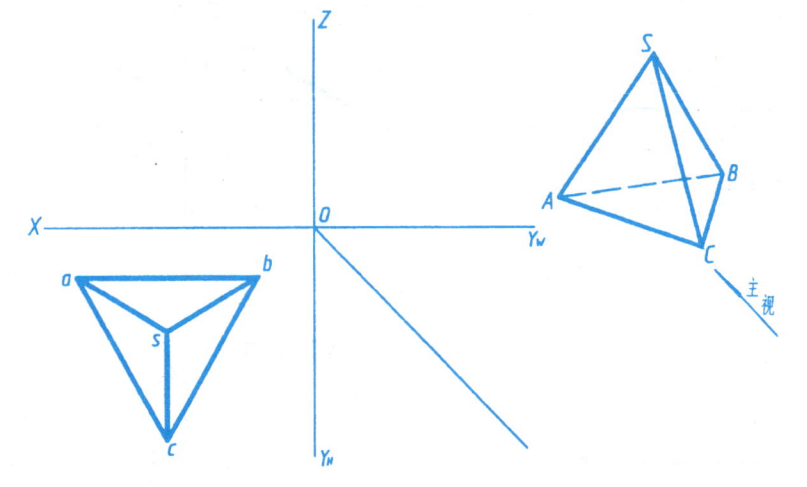

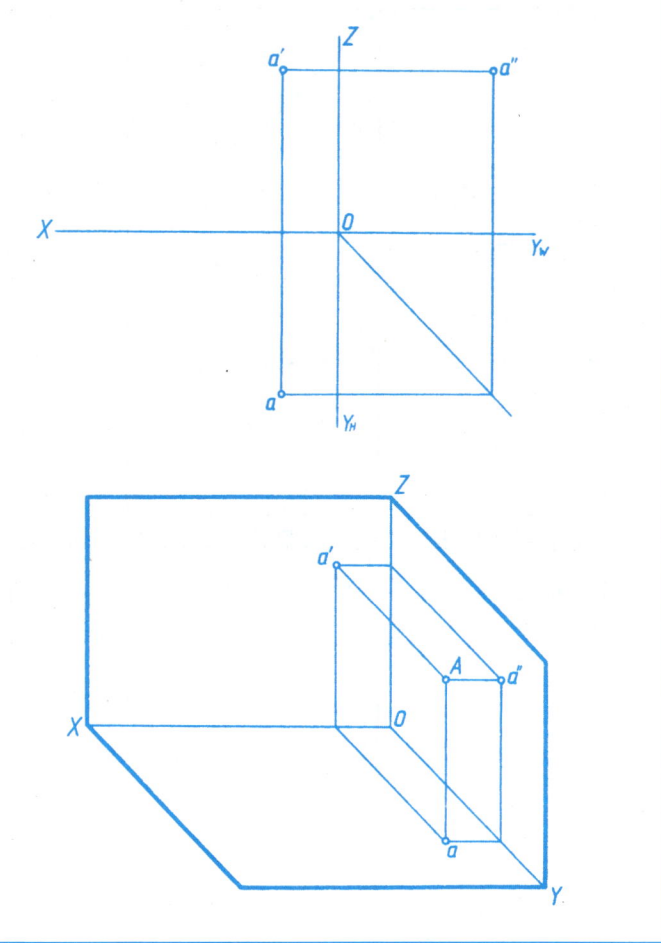

2. 在三视图中，标出 A、B、C 三点的三面投影。

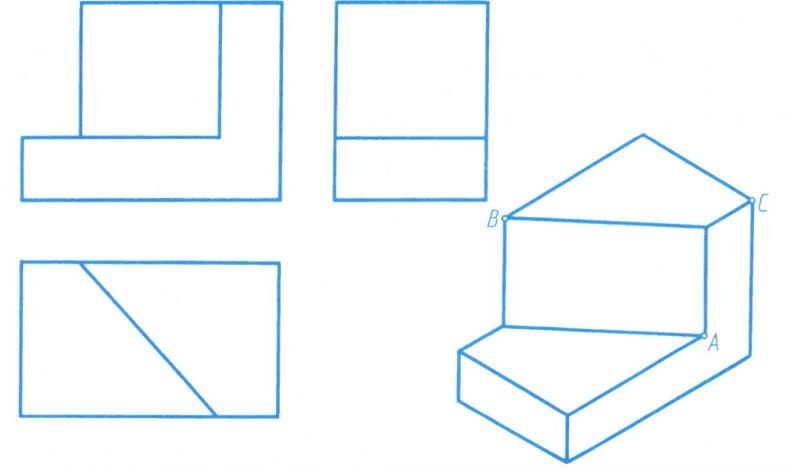

班级　　　　　　　　姓名　　　　　　　　学号

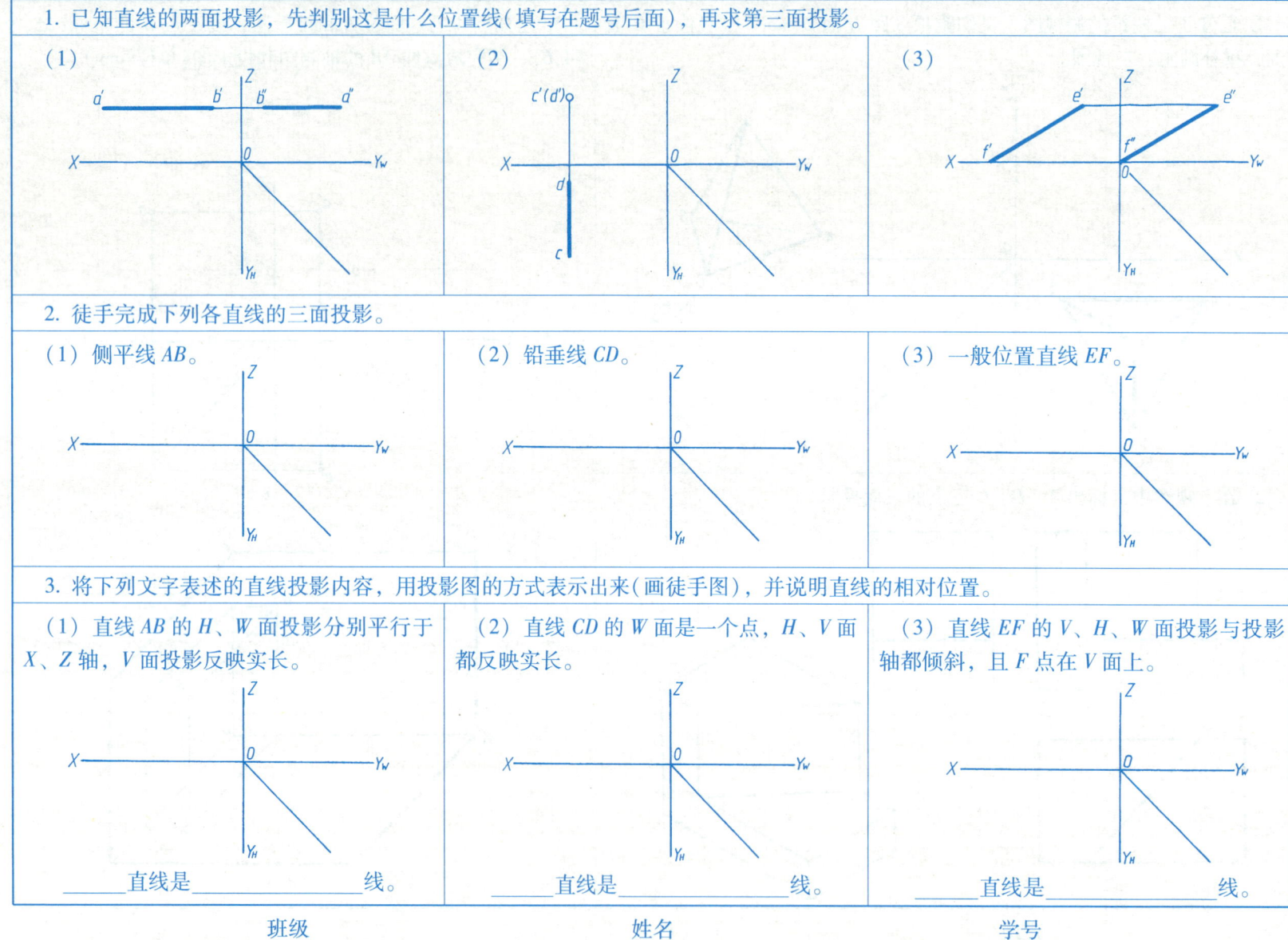

2-16 直线的投影。

1. 在轴测图中，画出铅垂线 AB 的三面投影，补全正三棱柱的投影并回答问题。

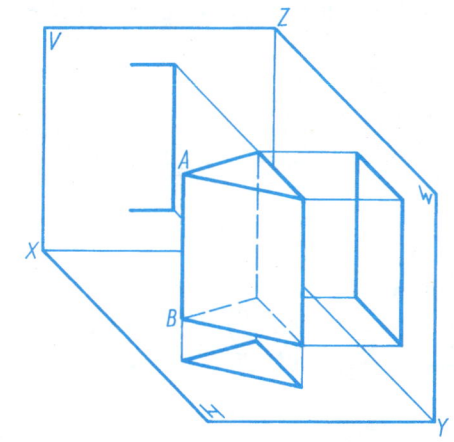

物体上共有

2 条____线。

3 条____线。

4 条____线。

2. 在下图中，将 AB、a'b'、a"b" 和 CD、c'd'、c"d" 注全，再分别用色笔加深，并说明直线的空间位置。

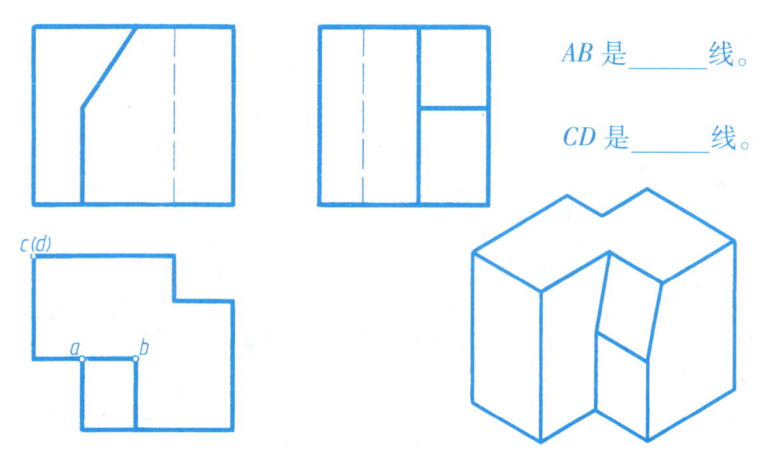

AB 是____线。

CD 是____线。

3. 补画主视图中的缺线，补全投影字母，并指出三视图中的哪条线反映该体侧棱的实长（在其线上画"○"）。

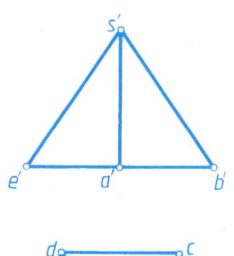 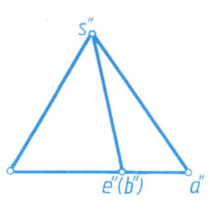

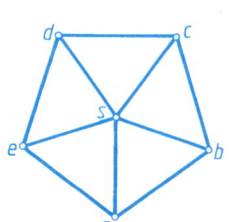 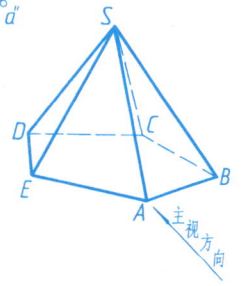

4. 在正六棱柱的俯视图中，补画棱线 AB、CD 的投影，将其三面投影涂色，并回答问题。

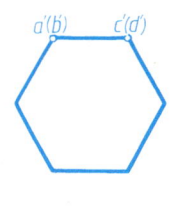 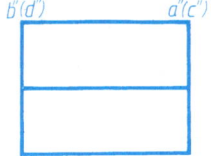

AB、CD 是____线，

V 面投影为____，

H、W 面反映____。

班级　　　　姓名　　　　学号

2-17 直线的投影。

1. 试作图判别点 M 是否属于棱锥的棱线 SA？又已知点 N 属于棱线 SA，试根据 n 求作 n′、n″。

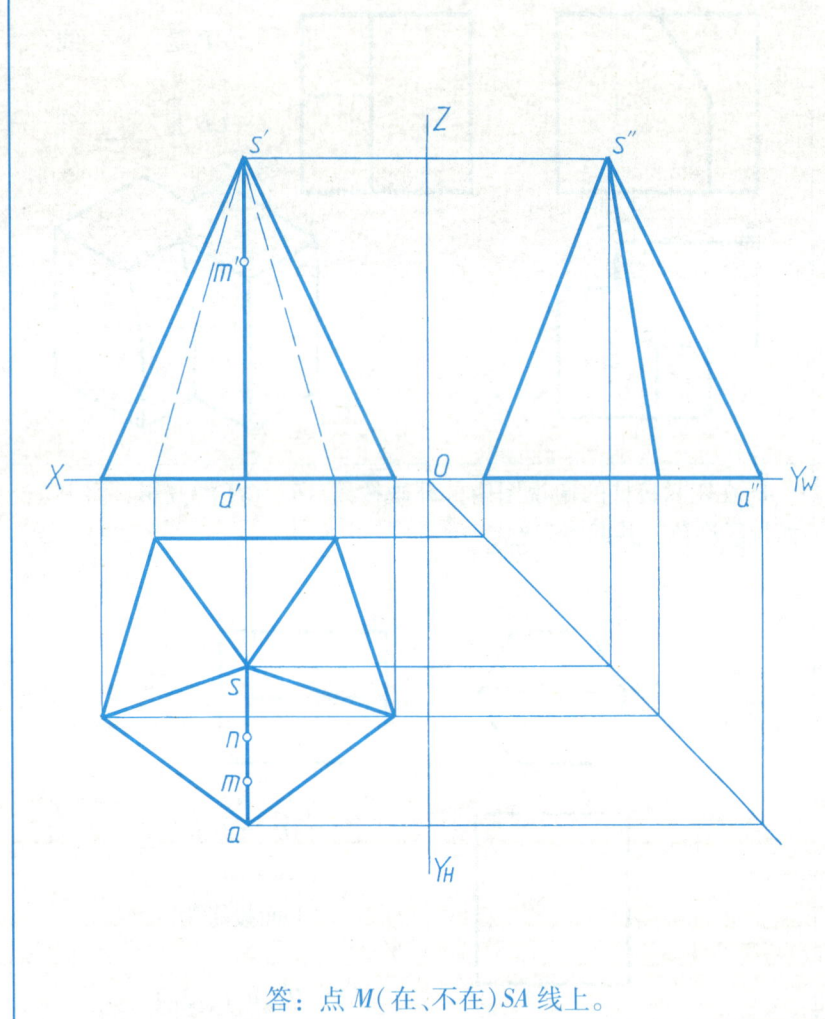

答：点 M（在、不在）SA 线上。

2. 已知 Ⅰ、Ⅱ、Ⅲ 三点分别在三棱锥的 SA、SB、SC 棱线上，求此三点的水平投影及侧面投影，然后将它们的同面投影用直线连接起来，并判别 ⅠA、ⅡB、ⅢC 直线的空间位置。

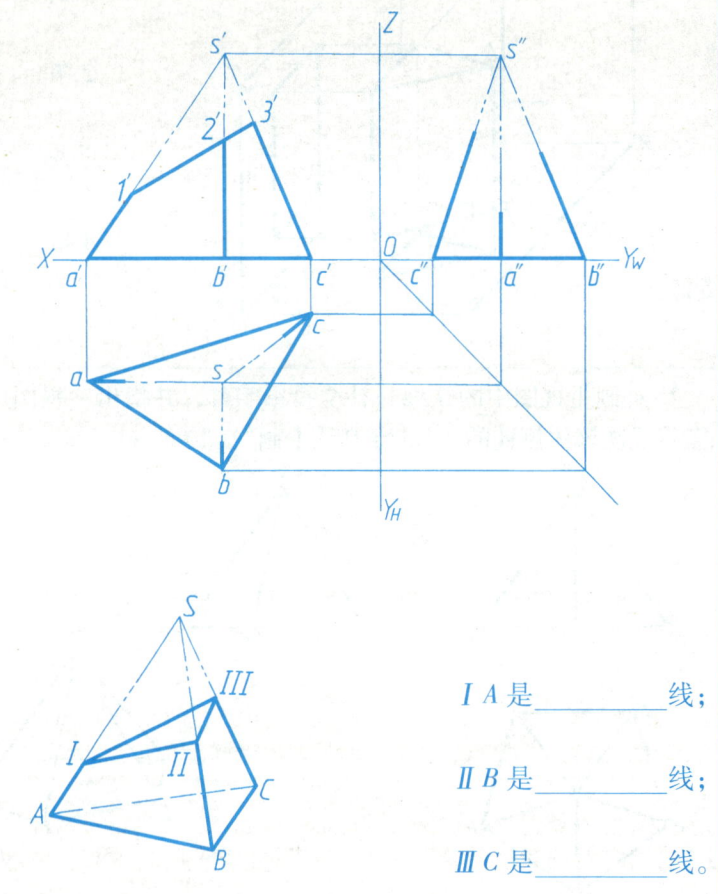

ⅠA 是_____线；

ⅡB 是_____线；

ⅢC 是_____线。

班级　　　　　　姓名　　　　　　学号

2-18 平面的投影。

1. 将图1、图3所示平面的轴测图画在图2中，然后将两平面的上、下对应点用粗实线连接起来，擦去被遮挡的图线，最后将图2所示形体的三视图，画在图3中，并回答问题。

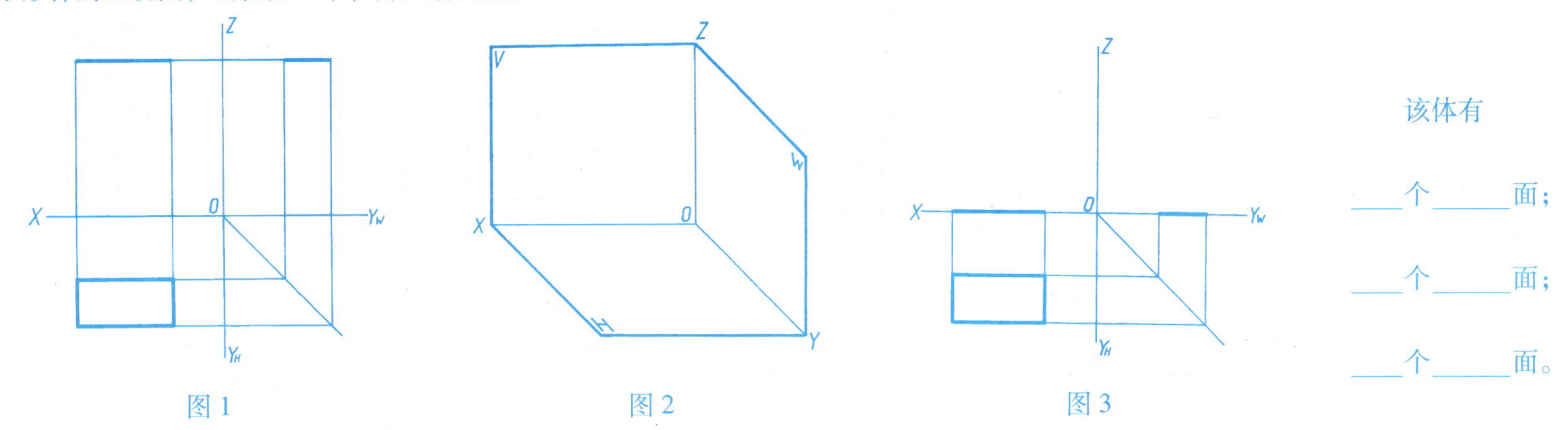

图1　　　　　　　　　　　图2　　　　　　　　　　　图3

该体有

＿＿个＿＿＿＿面；

＿＿个＿＿＿＿面；

＿＿个＿＿＿＿面。

2. 从视图中的斜线 I 出发，在另两视图中找出对应投影（将其三面投影和轴测图中的相应表面涂色），并说明其空间位置。

（1）　　　　　　　　　　　　　　　　　　　　（2）

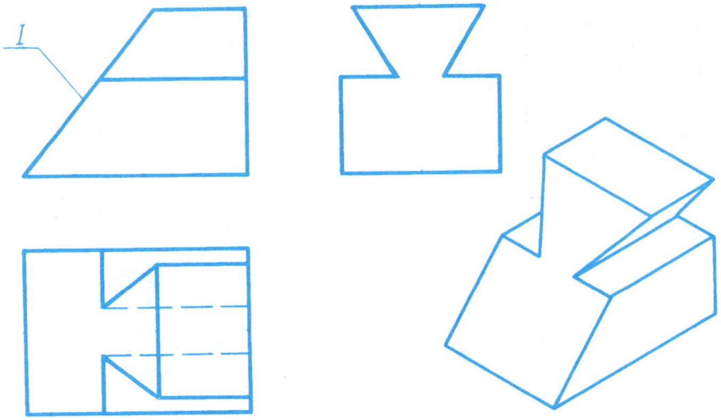

该平面是＿＿＿＿面。　　　　　　　　　　　　该平面是＿＿＿＿面。

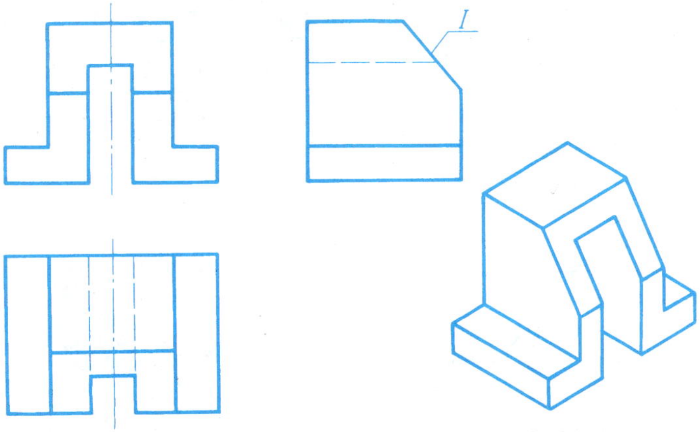

班级　　　　　　　　　　　　姓名　　　　　　　　　　　　学号

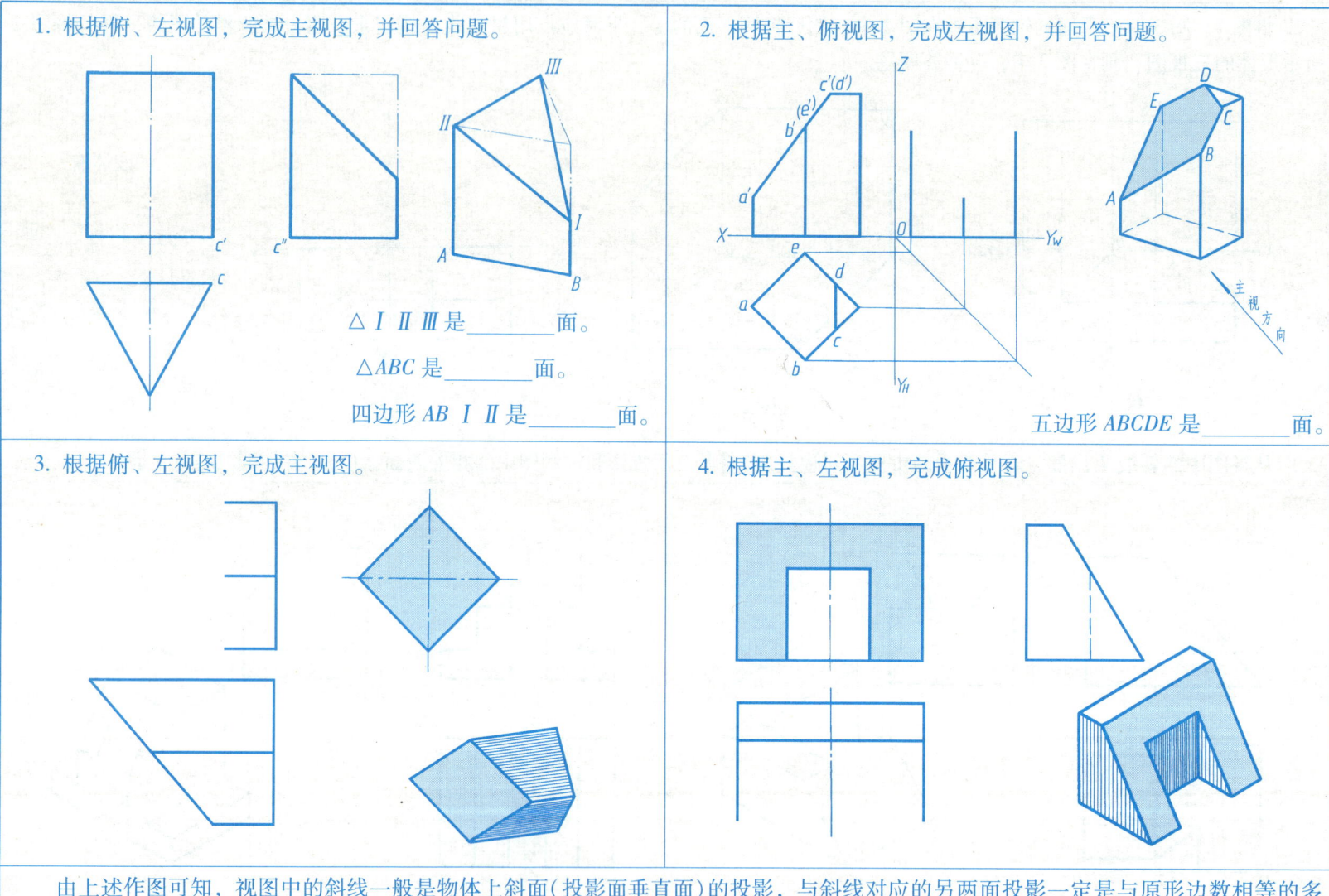

2-20 平面的投影。

1. 求铅垂面的 W 面投影。

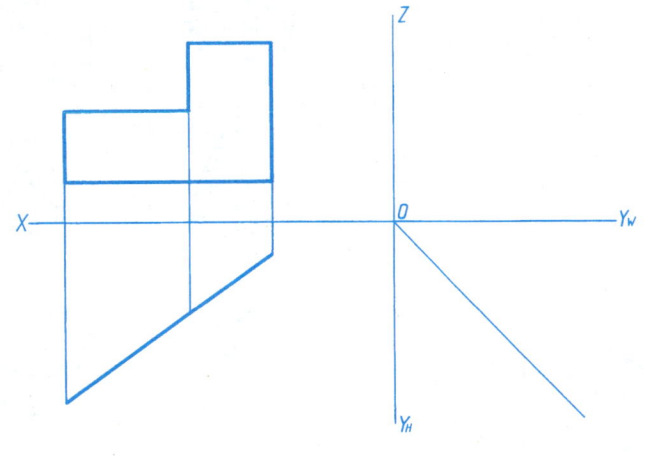

2. 求侧垂面的 V、H 面投影(平面的形状自定)。

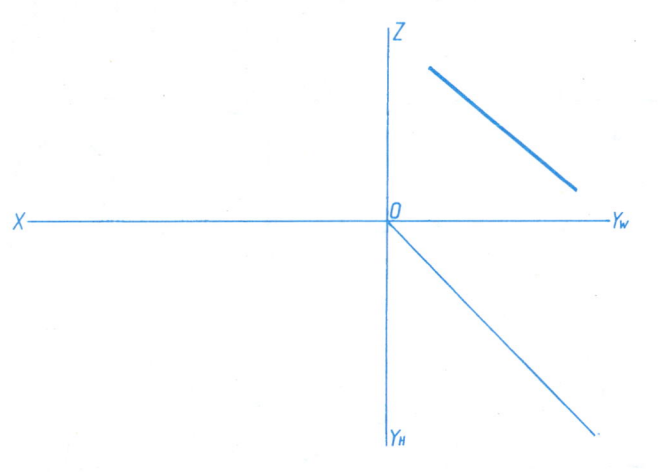

3. 先求正平面的 W 面投影，再将 V 面投影作为主视图，按宽度为 20mm，完成该体(长方体开槽)的俯、左视图。

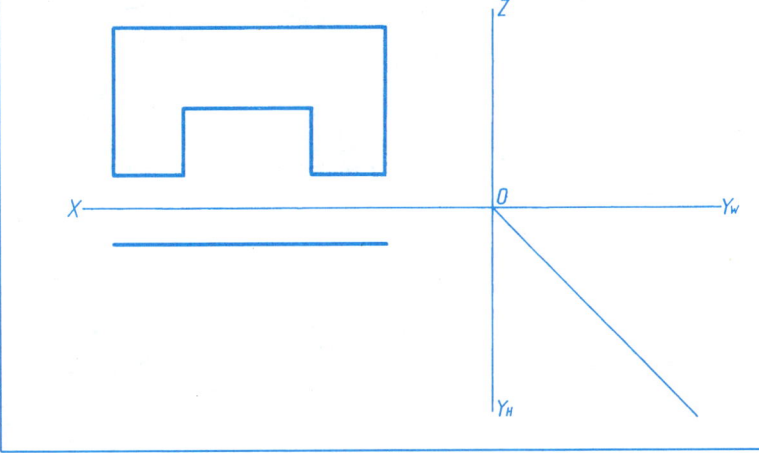

4. 求正三棱锥表面 SAB 上点 N 的 V、H 面投影。

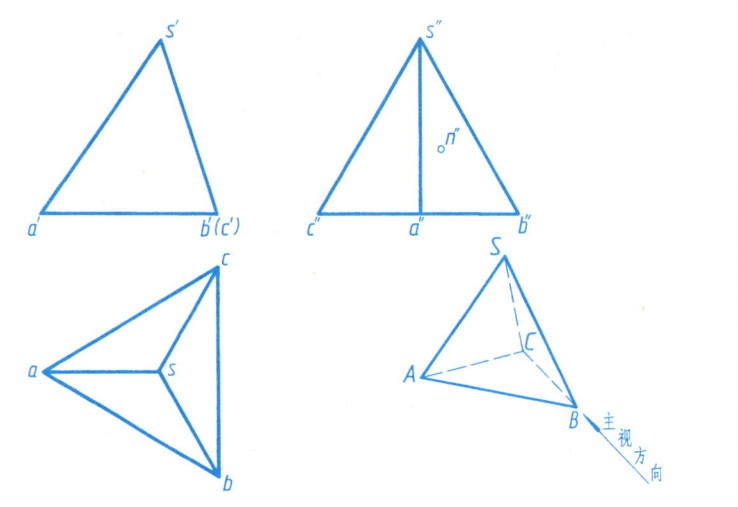

班级　　　　　　姓名　　　　　　学号

2-21 根据三视图想象几何体形状，补画视图中所缺的图线，并辨认其立体图（在括号内填入相应三视图的编号）。

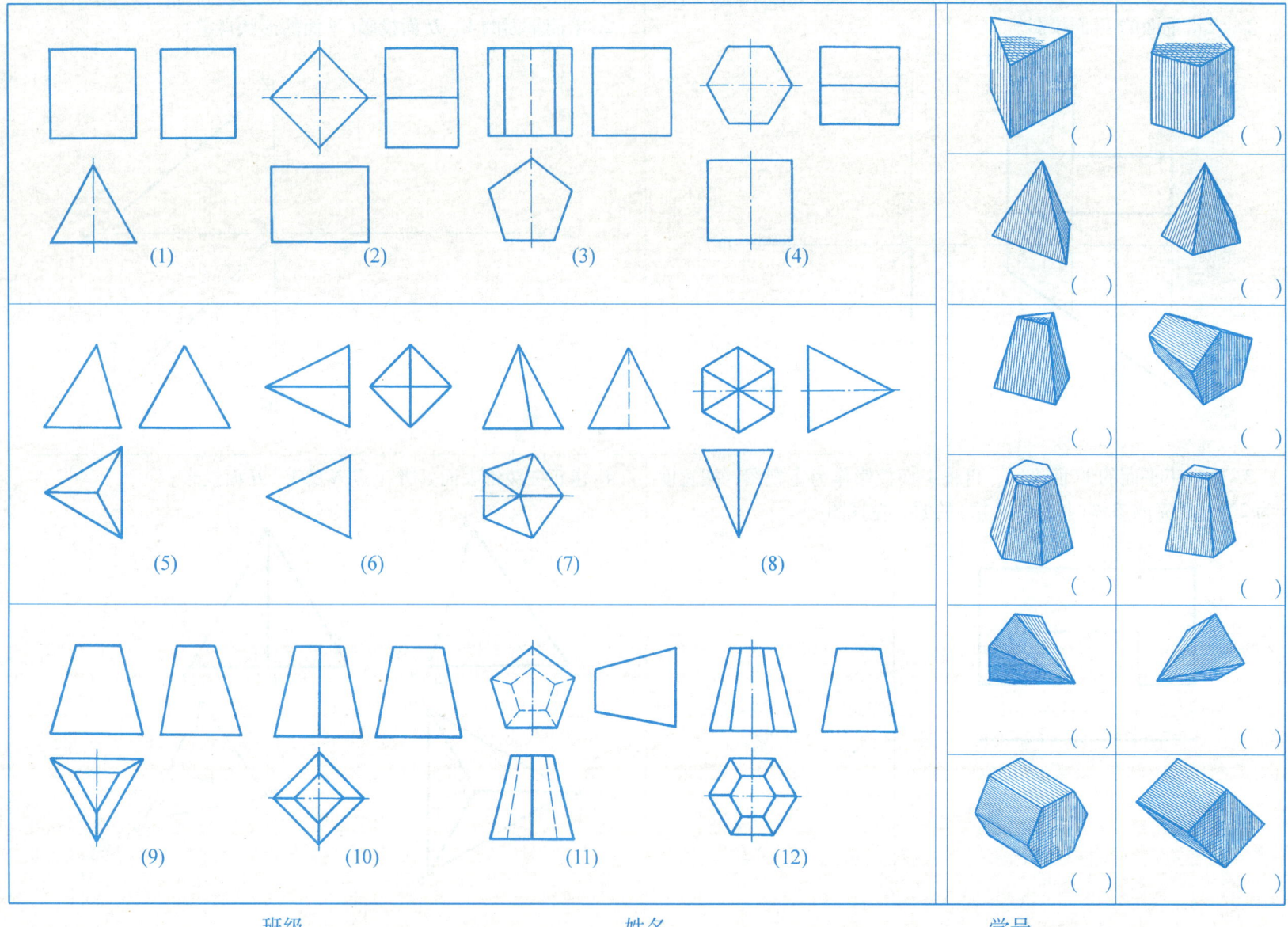

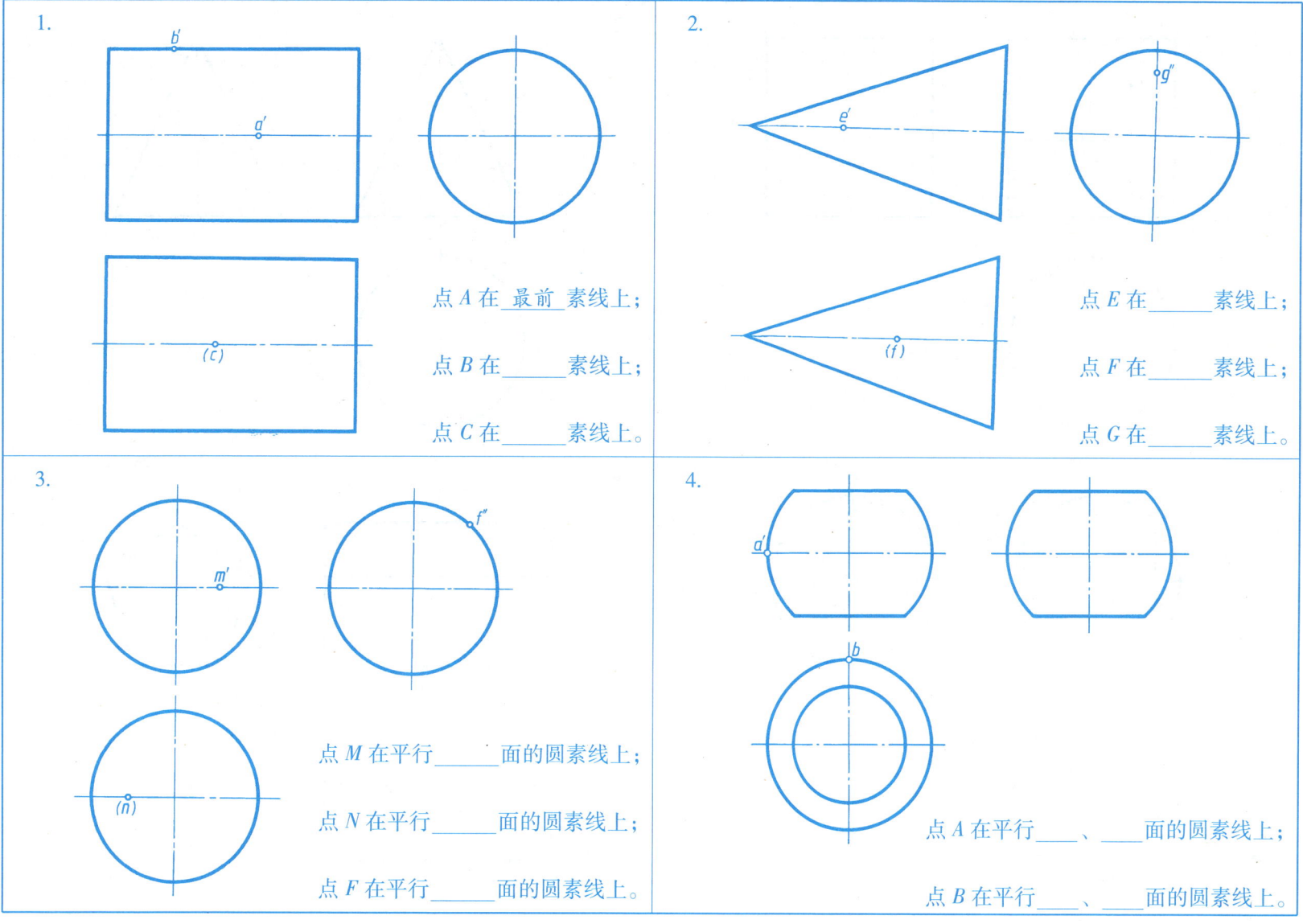

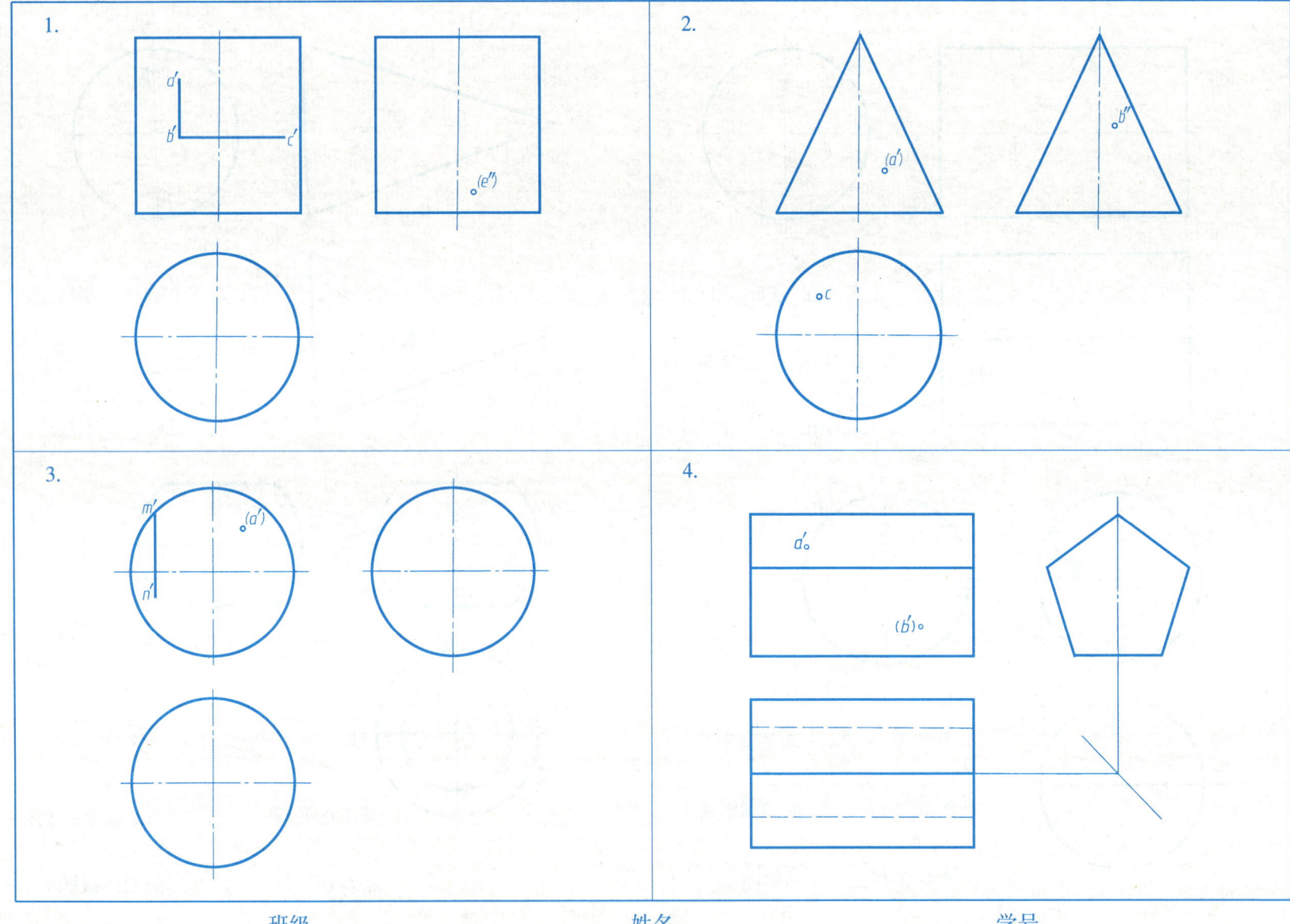

2-24 已知回转体(一部分)的两个视图,求作第三视图。

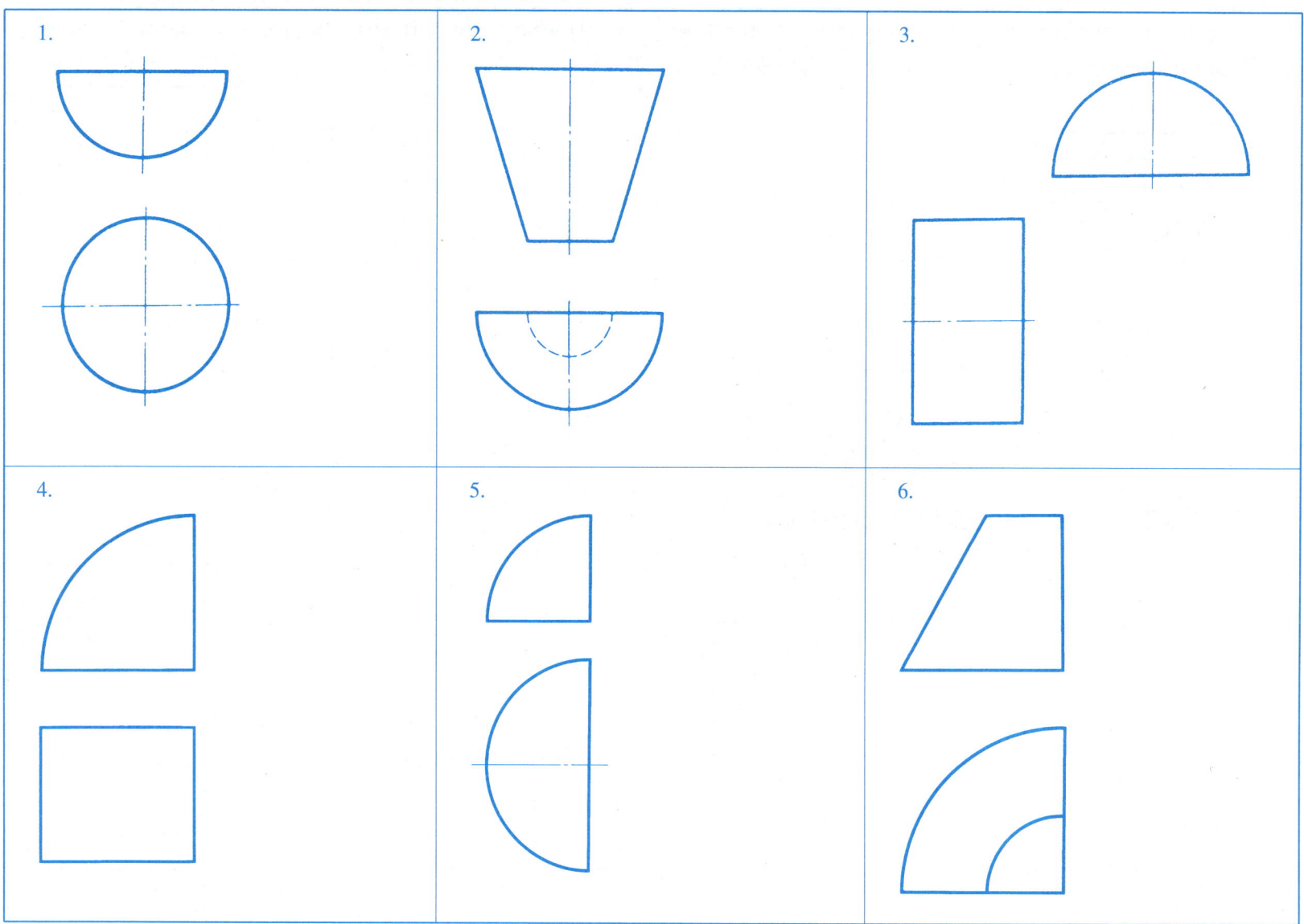

2-25 识读一面视图。

1. 根据主视图，补画俯视图（该体由两个几何体组成）。

2. 根据俯视图，补画主视图（该体由三个几何体组成）。

4. 根据俯视图构思物体形状，补画形状不同的主视图（看谁补得多）。

3. 根据左视图，补画主视图（该体由四个几何体组成）。

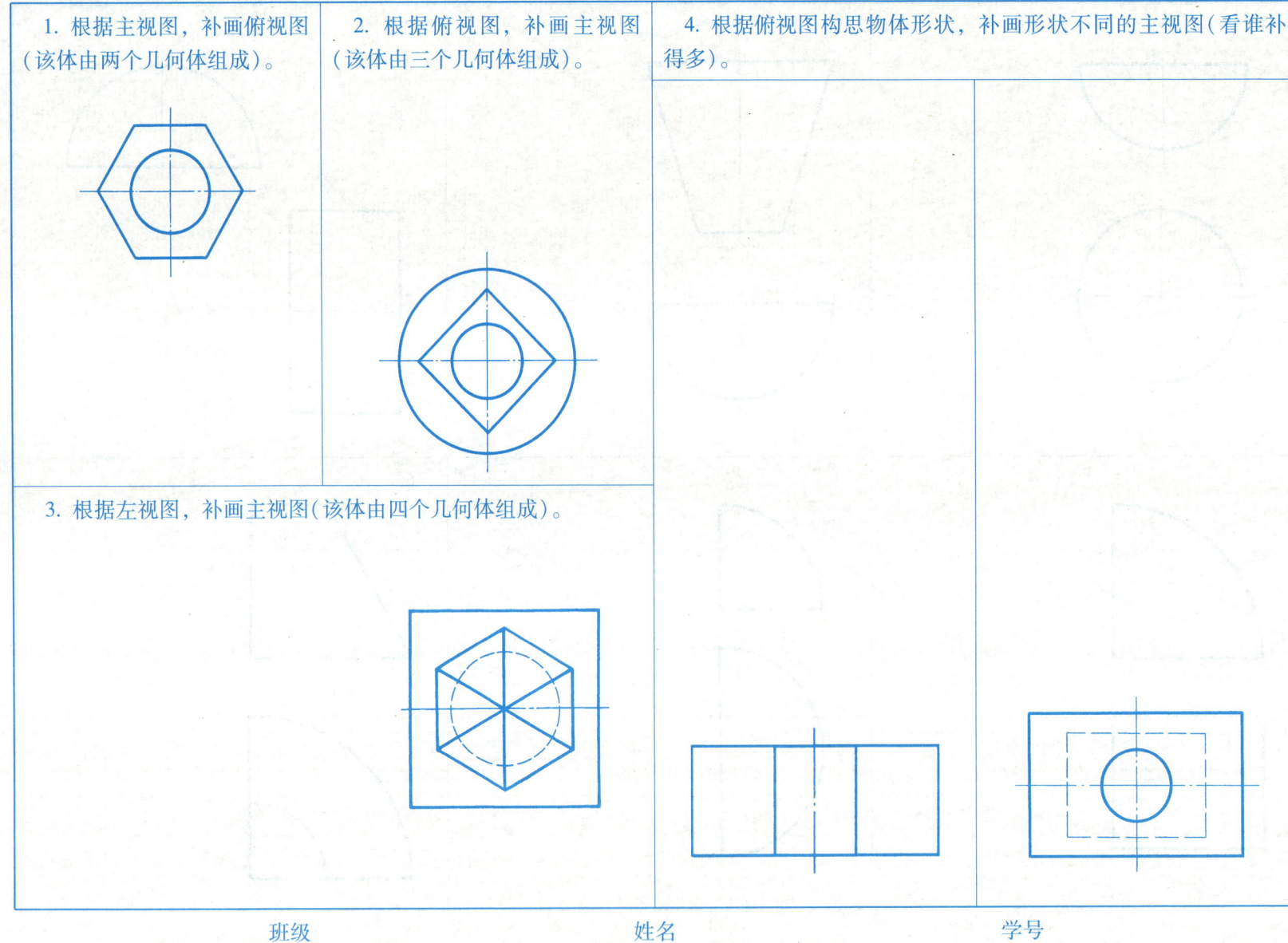

班级　　　　　　姓名　　　　　　学号

(续前页)

5. 根据主视图补画左视图(该体由三个几何体组成)。

7. 根据俯视图补画主视图(要求:形体间以面接触,造型优美)。

6. 根据左视图补画主视图和俯视图。

2-26 根据已知的一面视图，补画其他两面视图。

1. 已知主视图

2. 已知俯视图

3. 已知左视图

4. 已知主视图

5. 已知俯视图

6. 已知左视图

班级　　　　　　　　　　姓名　　　　　　　　　　学号

2-27 补画视图和视图中的缺线。

1. 根据主、左视图，补画俯视图。

2. 补画视图中所缺的图线。

3. 补画视图中所缺的图线。

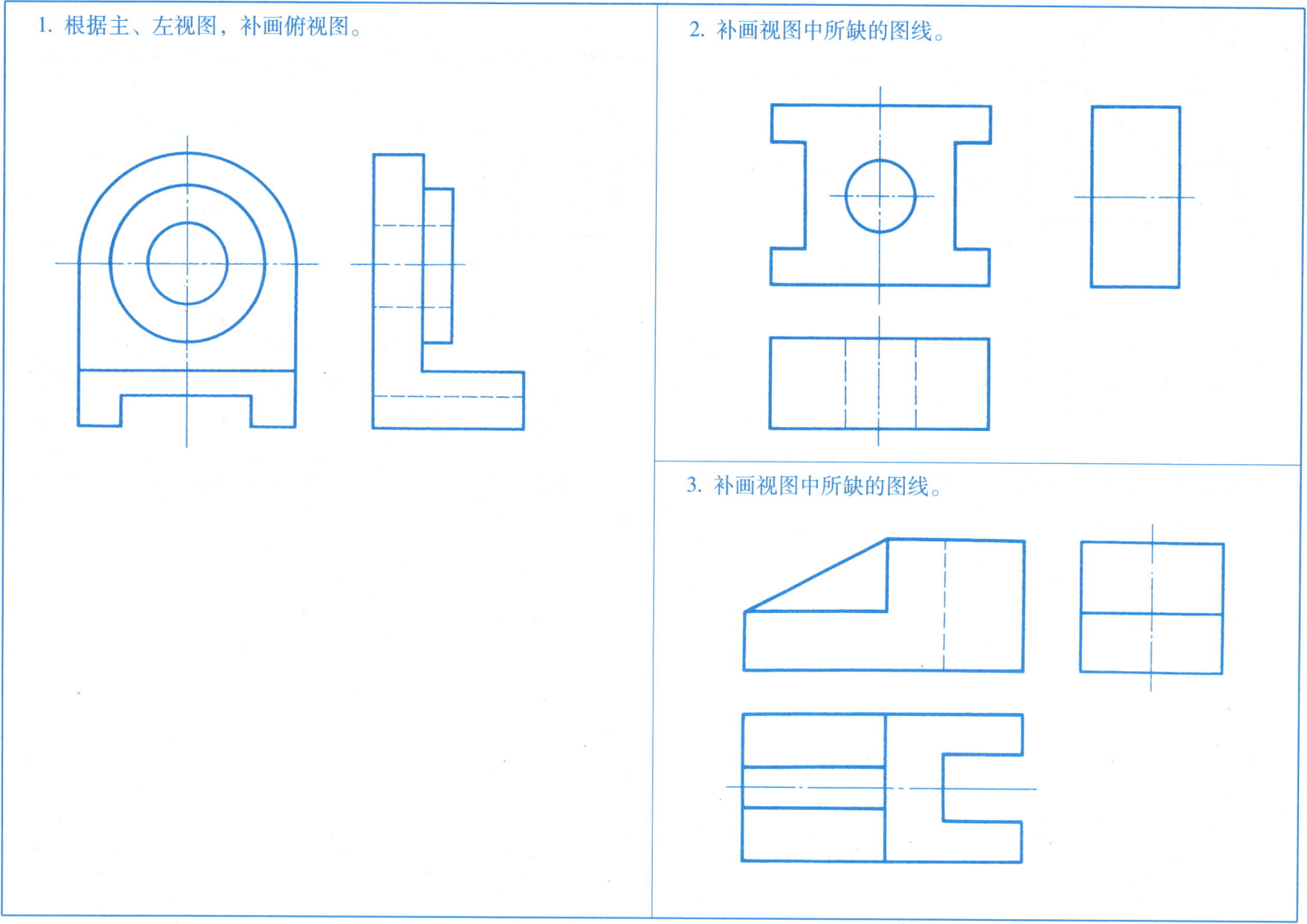

班级　　　　　姓名　　　　　学号

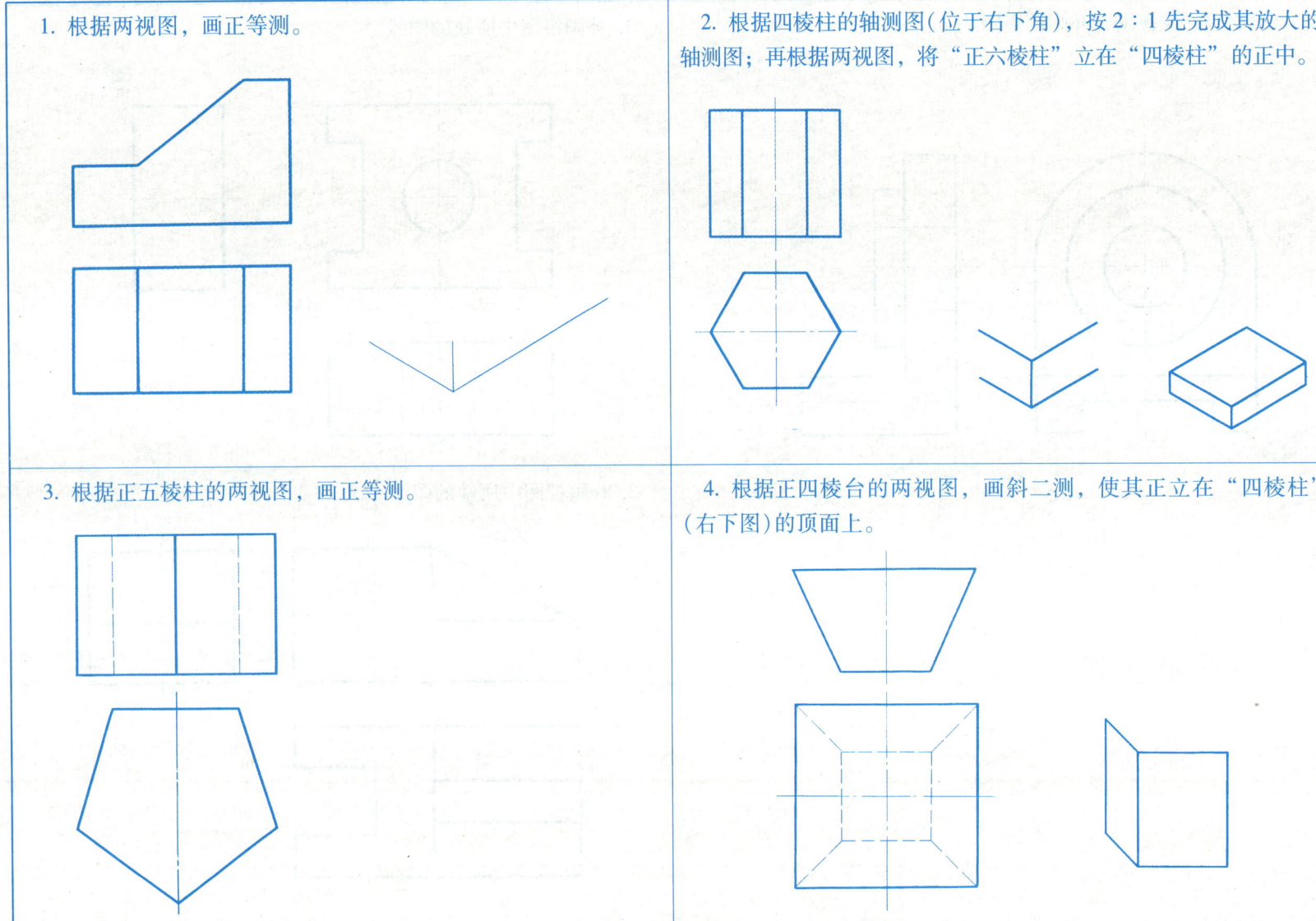

3-2　几何体的轴测图。

1. 根据三视图画全轴测图，再根据轴测图补全三视图，然后根据三视图以 2：1 画出其轴测图。

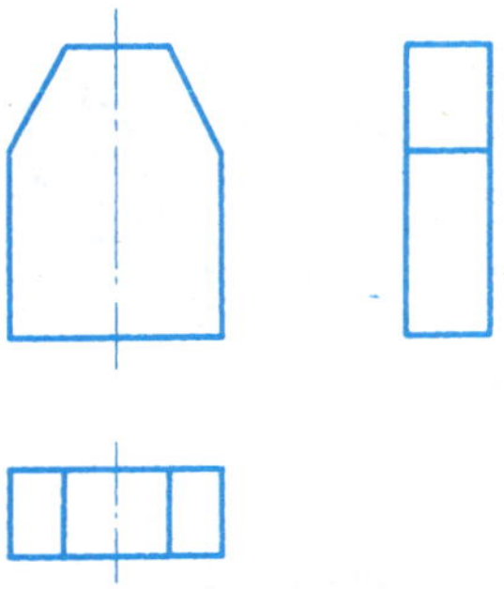

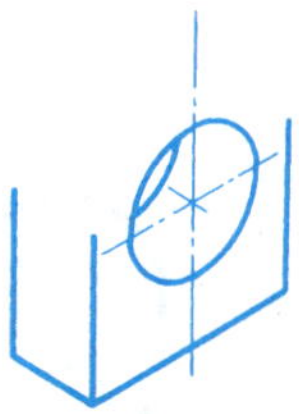

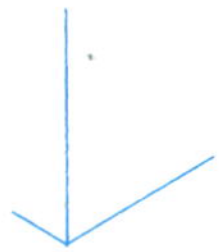

2. 根据圆柱的两视图，画正等测（立在"四棱柱"的正中）。

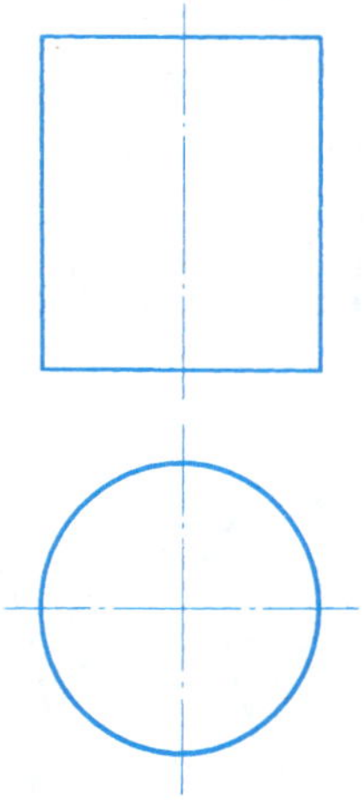

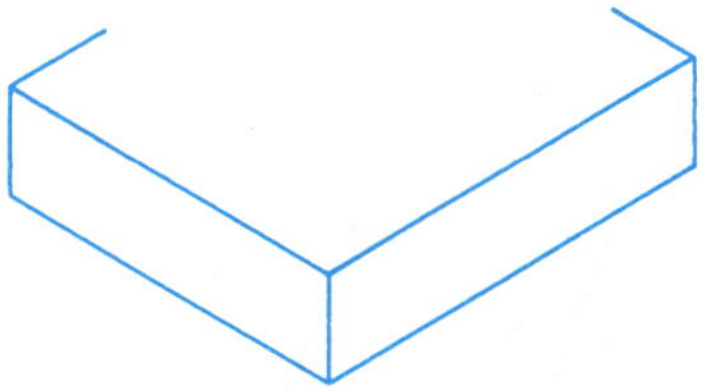

3. 根据圆柱的两视图，画斜二测（位于小圆柱之后，并与其同轴相接）。

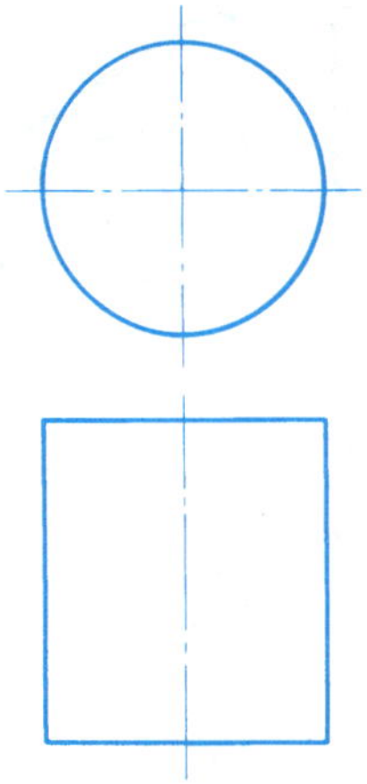

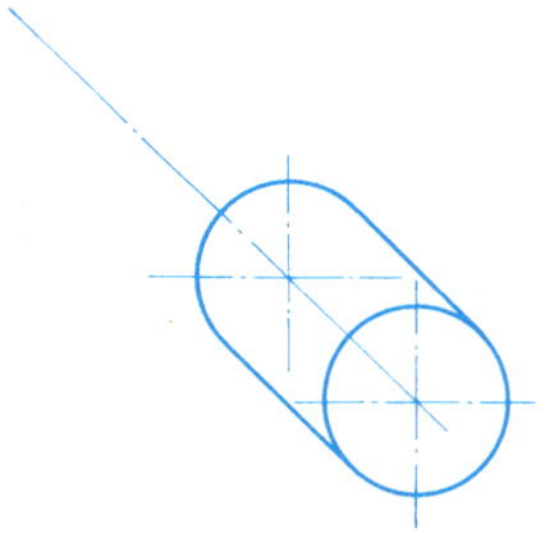

班级　　　　　　　姓名　　　　　　　学号

43

3-3 根据物体某一表面（上面、前面或左面）的轴测投影，徒手完成物体的轴测图（另一轴向尺寸，图中已通过不同形式给定）。

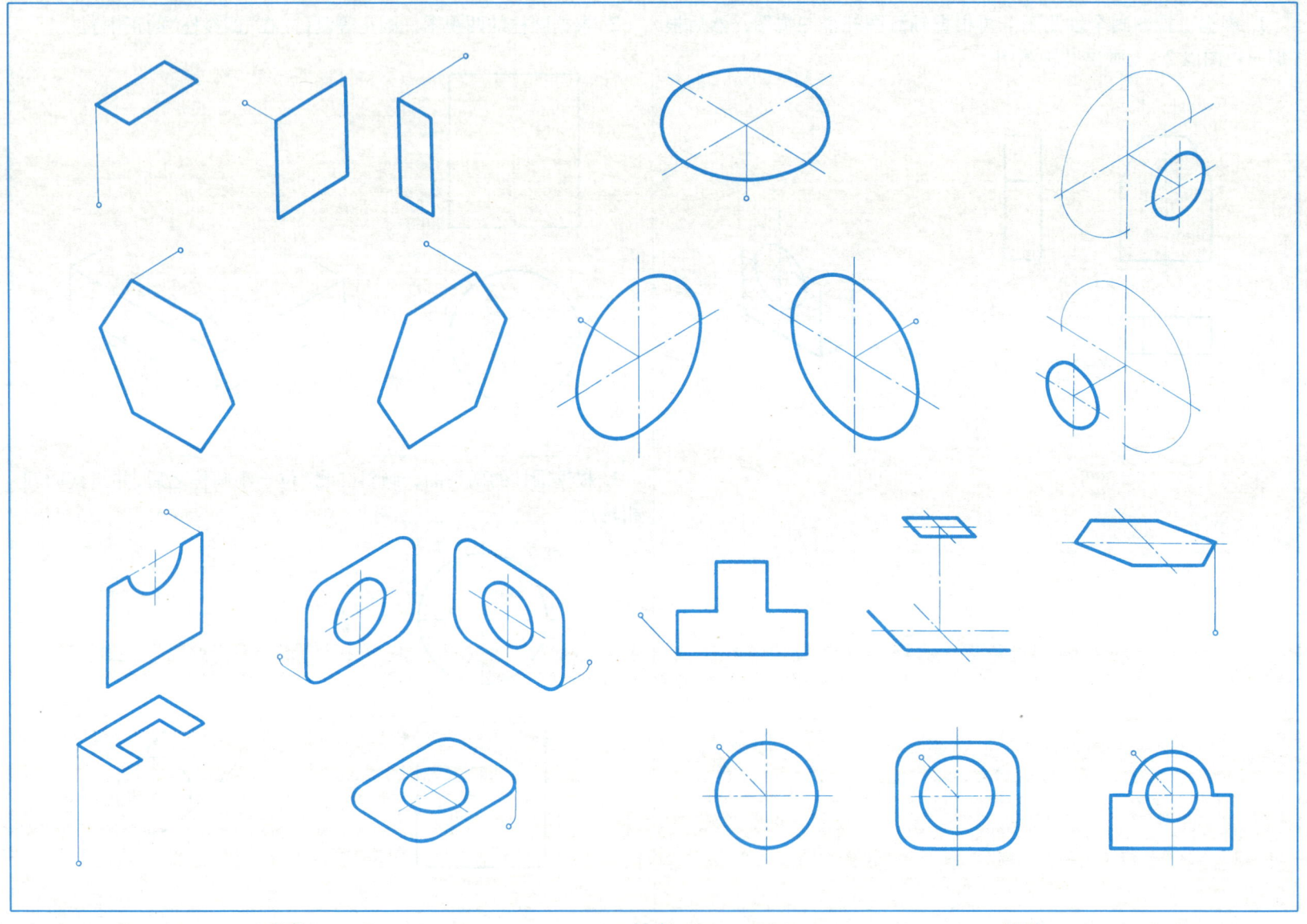

班级　　　　　　　姓名　　　　　　　学号

3-4 根据两视图徒手画轴测图（斜格上方的四组图：每组左侧的两视图画正等测，右侧的两视图画斜二测）。

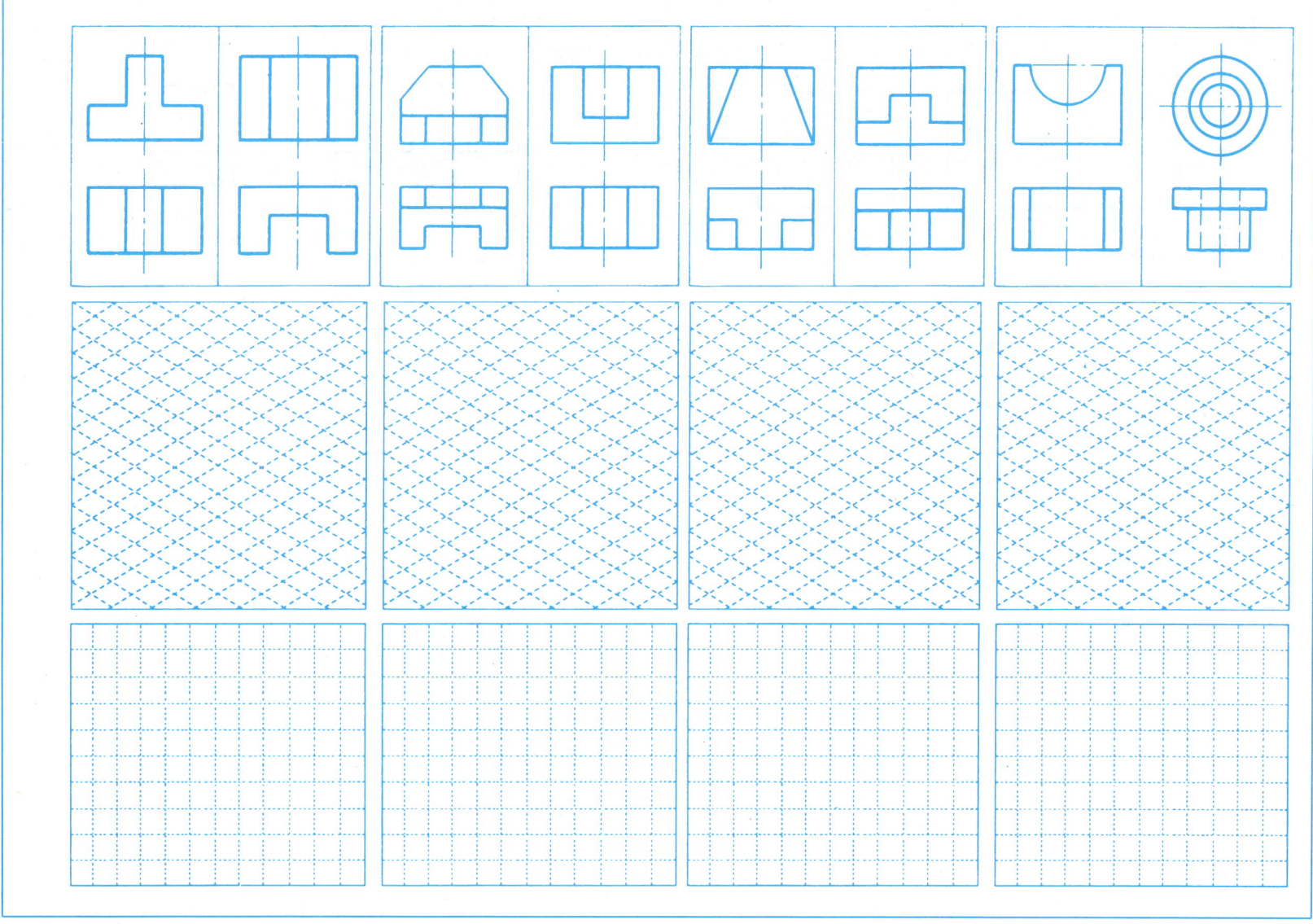

班级　　　　　　　　　　　姓名　　　　　　　　　　　学号

3-5 根据三视图,画正等测(尺寸从图中量取)。

1. 比例为 1∶1。 2. 比例为 2∶1。

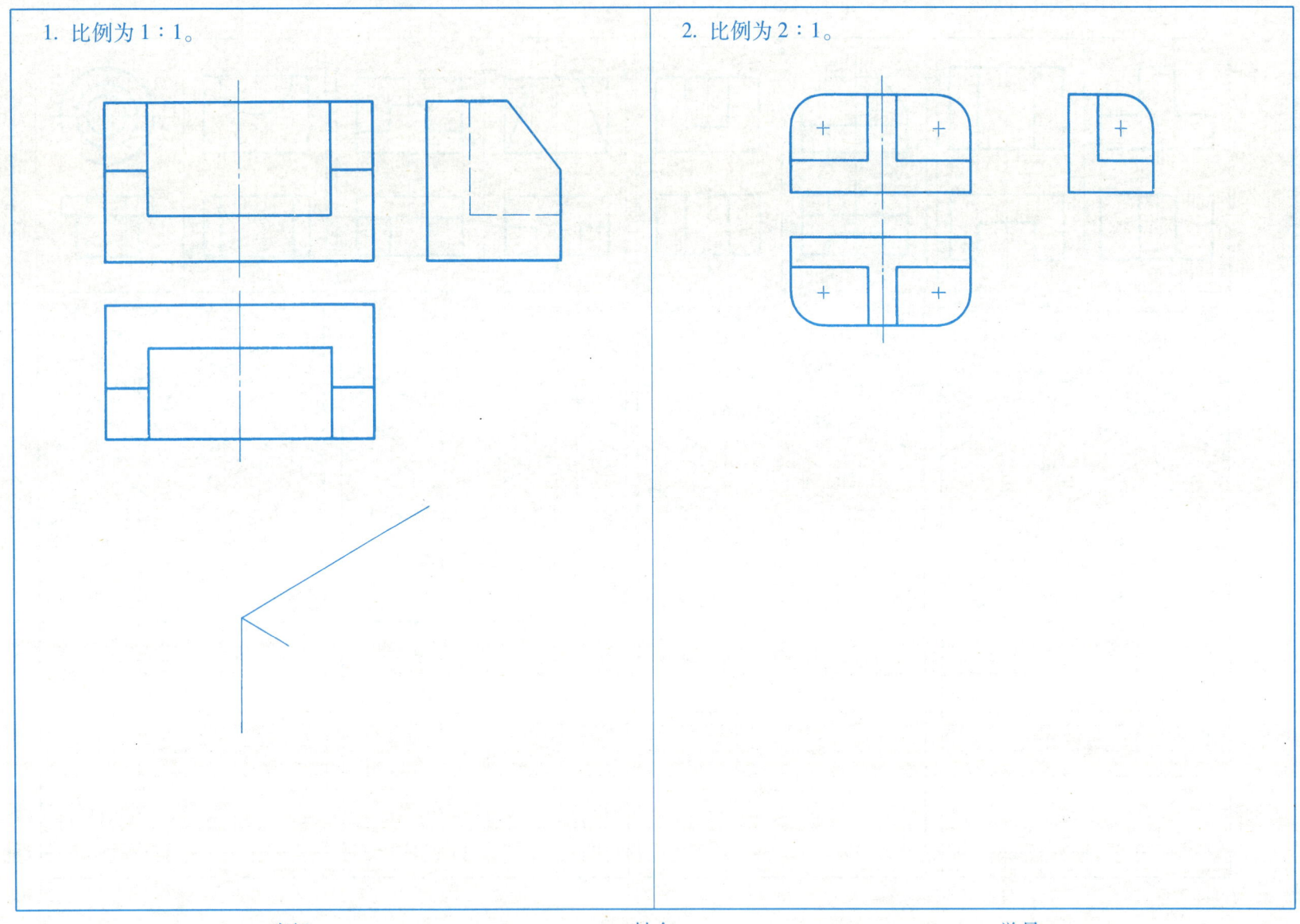

班级 姓名 学号

3-6 根据给定视图，画轴测图。

1. 画正等测(2∶1)。

2. 画斜二测(1∶1)。

班级　　　　　　　　　　　姓名　　　　　　　　　　　学号

47

四、立体的表面交线 4-1 根据给出的一个完整视图，完成另一视图，再补画所缺的视图。

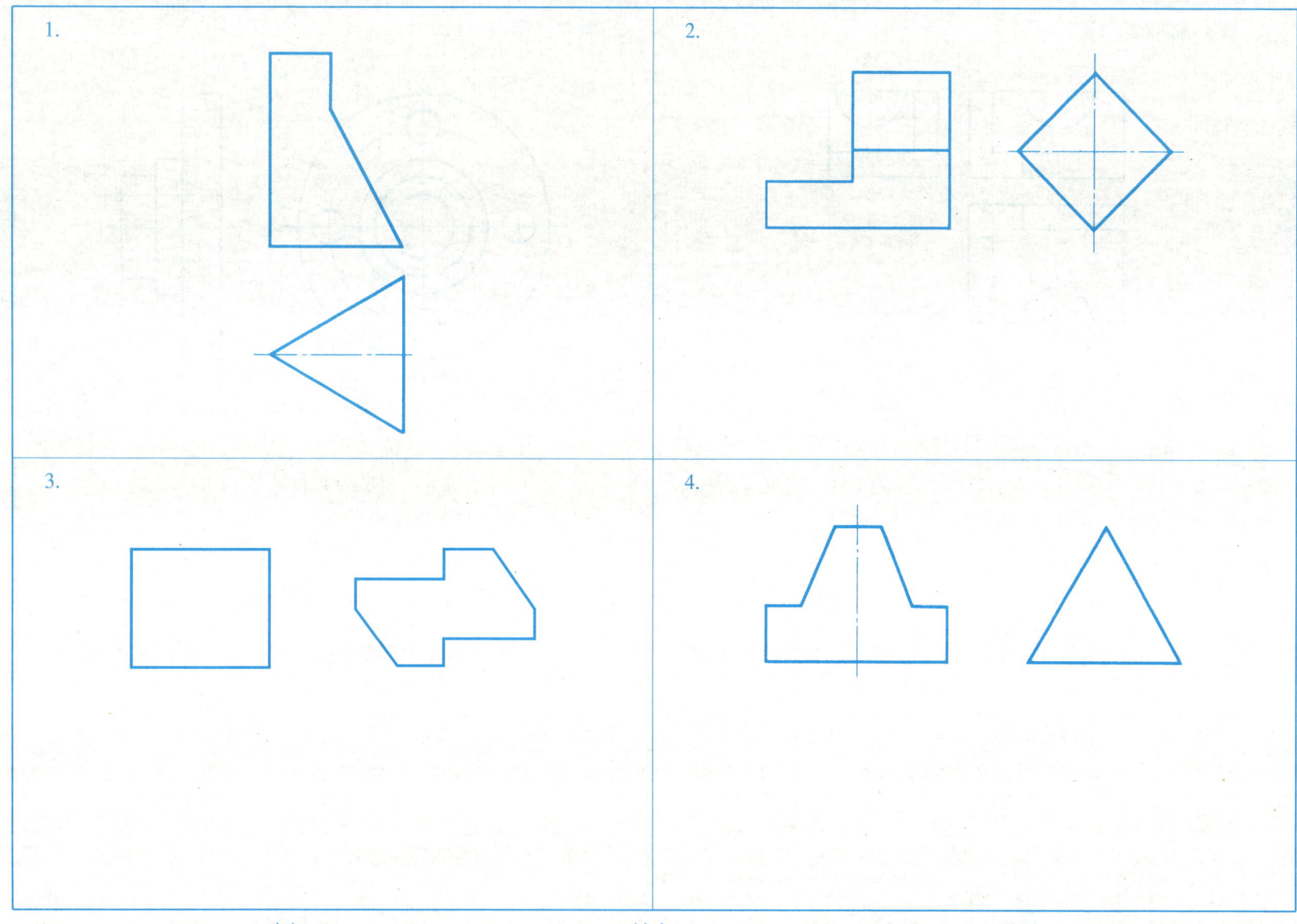

4-2 根据轴测图，在方格内徒手画出其三视图。

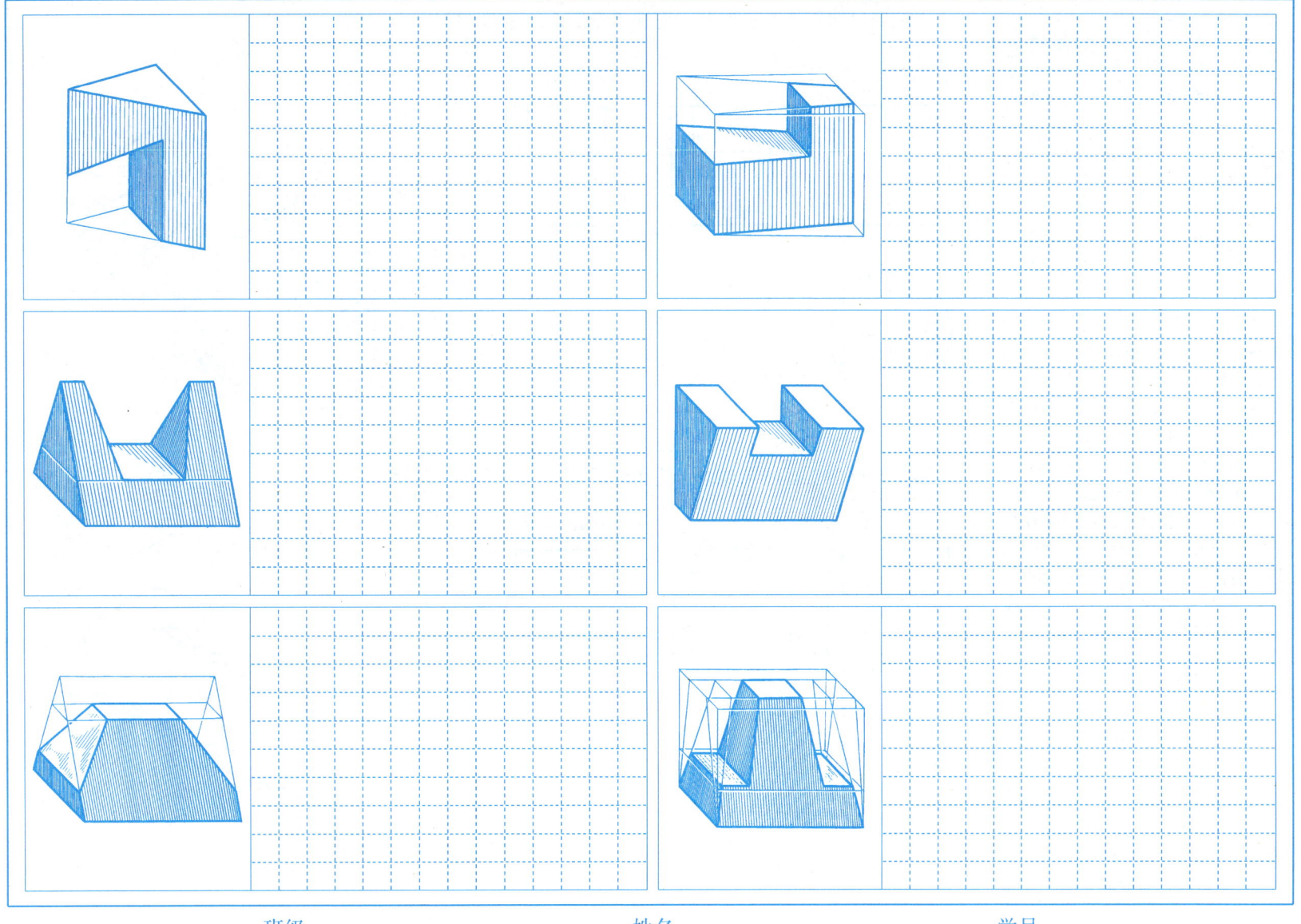

班级　　　　　　　　　姓名　　　　　　　　　学号

4-3 圆柱体切口、开槽的画法(做题前必读)。

直观展示 抓住关键

右侧两图反映圆柱被切的两种基本形式,这种结构在机件上也很常见。然而初学者画图时却往往出错,所以把它"展示"出来,望仔细分析,彻底弄明白。

这类图有一特点,只要将切口、凹槽的特征形状显现出来并注上尺寸,一般只用一个视图即可,两个视图足够。这说明,切口、凹槽多由特殊位置平面切出,积聚性的投影反映其特征,另一面投影反映其实形。因此,只要掌握平面形的投影特性,问题即可迎刃而解。

画这类三视图的方法步骤如下:
① 先画出完整圆柱的三视图。
② 抓住被切平面的积聚性投影,先画反映槽、口特征形状的视图,再按投影规律完成其他视图。
③ 分析圆柱表面外形轮廓线的变化情况(看是否被切掉)。
④ 求出交线(切面与圆柱表面的交线,两切面之间的交线)两端点的投影。
⑤ 判别交线投影的可见性。

当在圆筒上切口、开槽时,其投影又变得复杂些。因为切平面不仅与圆柱外表面相交,也与圆孔的内表面相交。因此,作图时应内、外兼顾,其作图步骤同上。

1. 圆柱切口的直观展示如下:注意"弓形面"的投影范围。

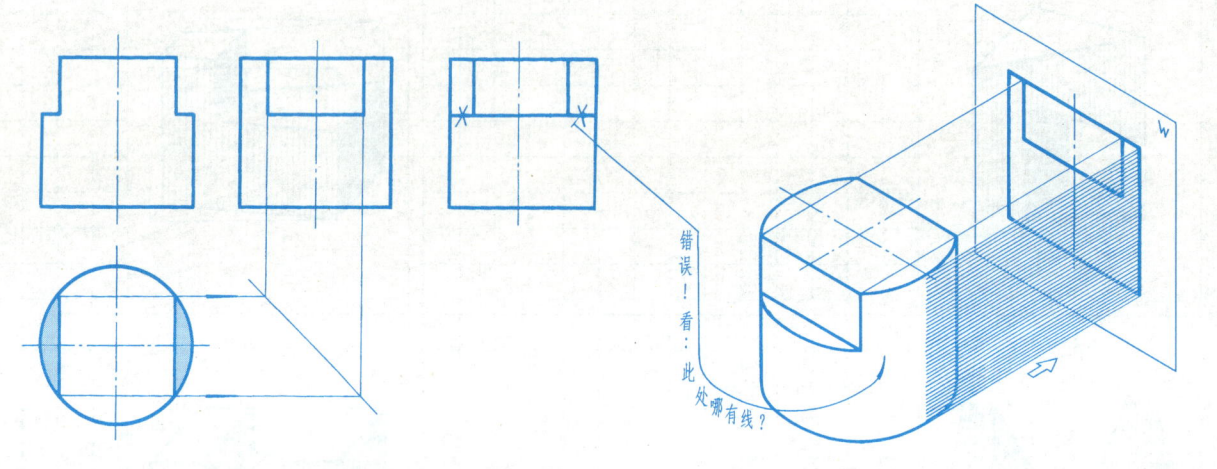

2. 圆柱开槽的直观展示如下:注意"弓形面"投影的可见性。

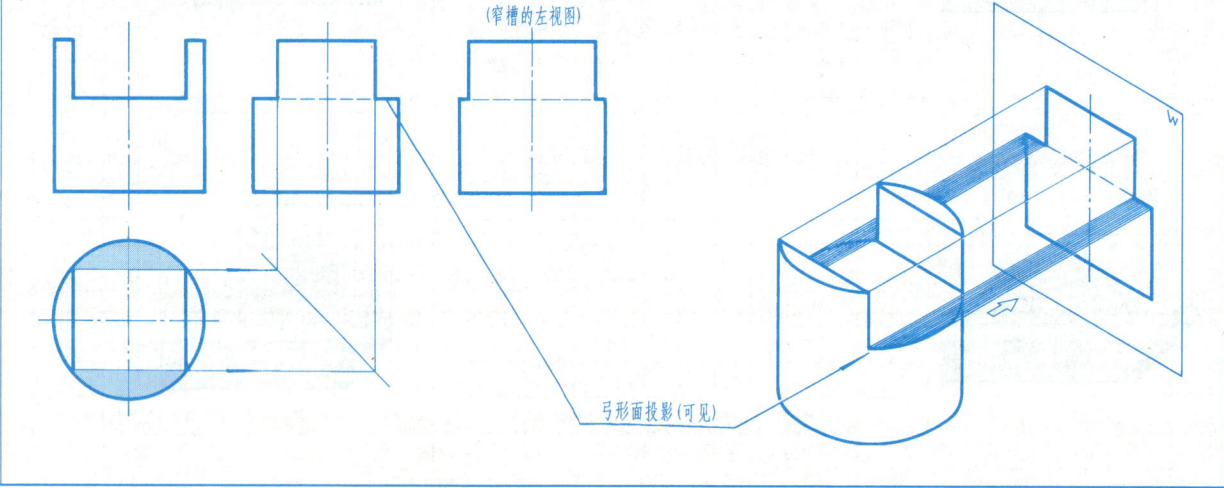

4-4 根据两视图，补画所缺的第三视图。

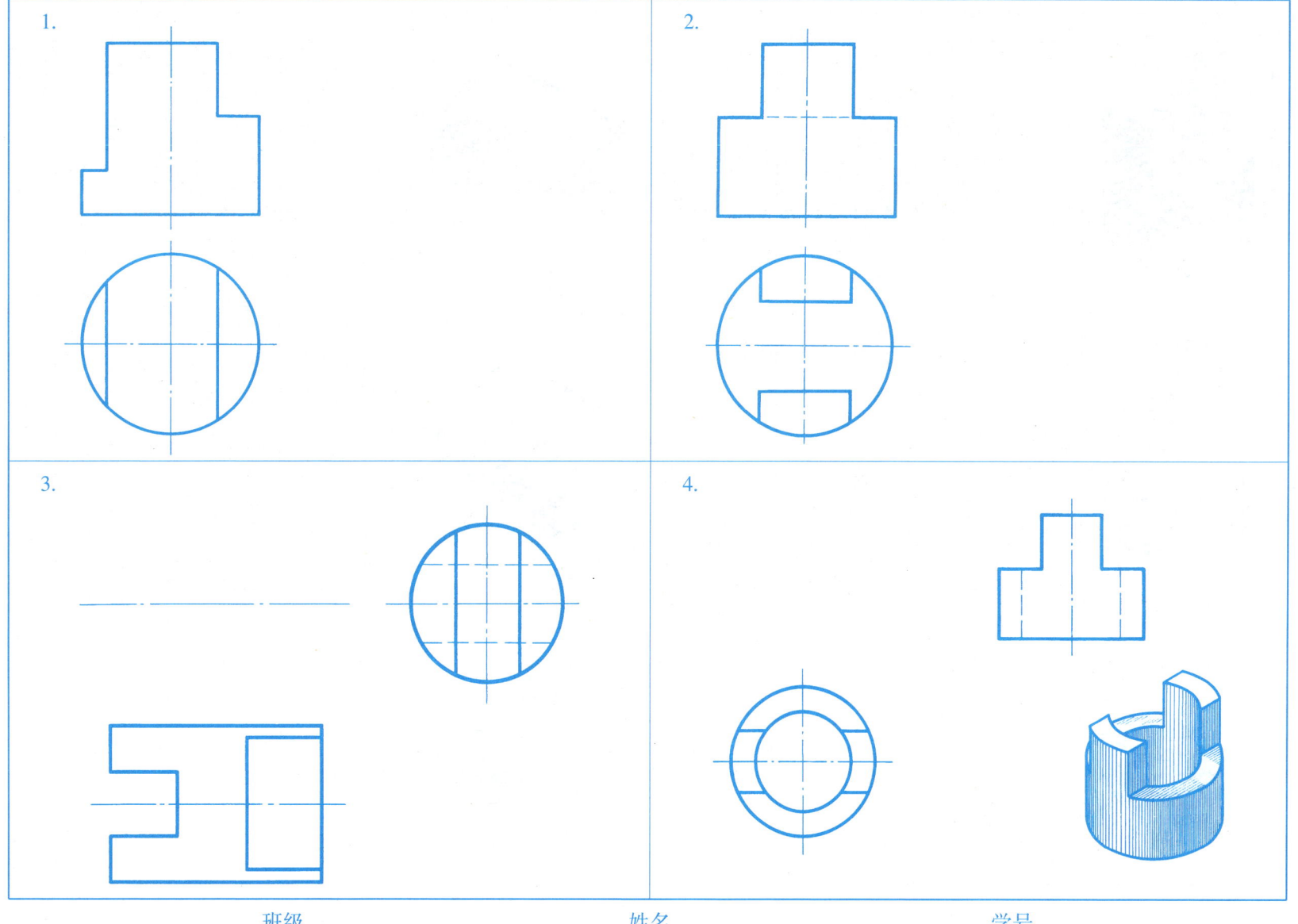

4-5 根据轴测图，在方格内徒手画出其三视图。

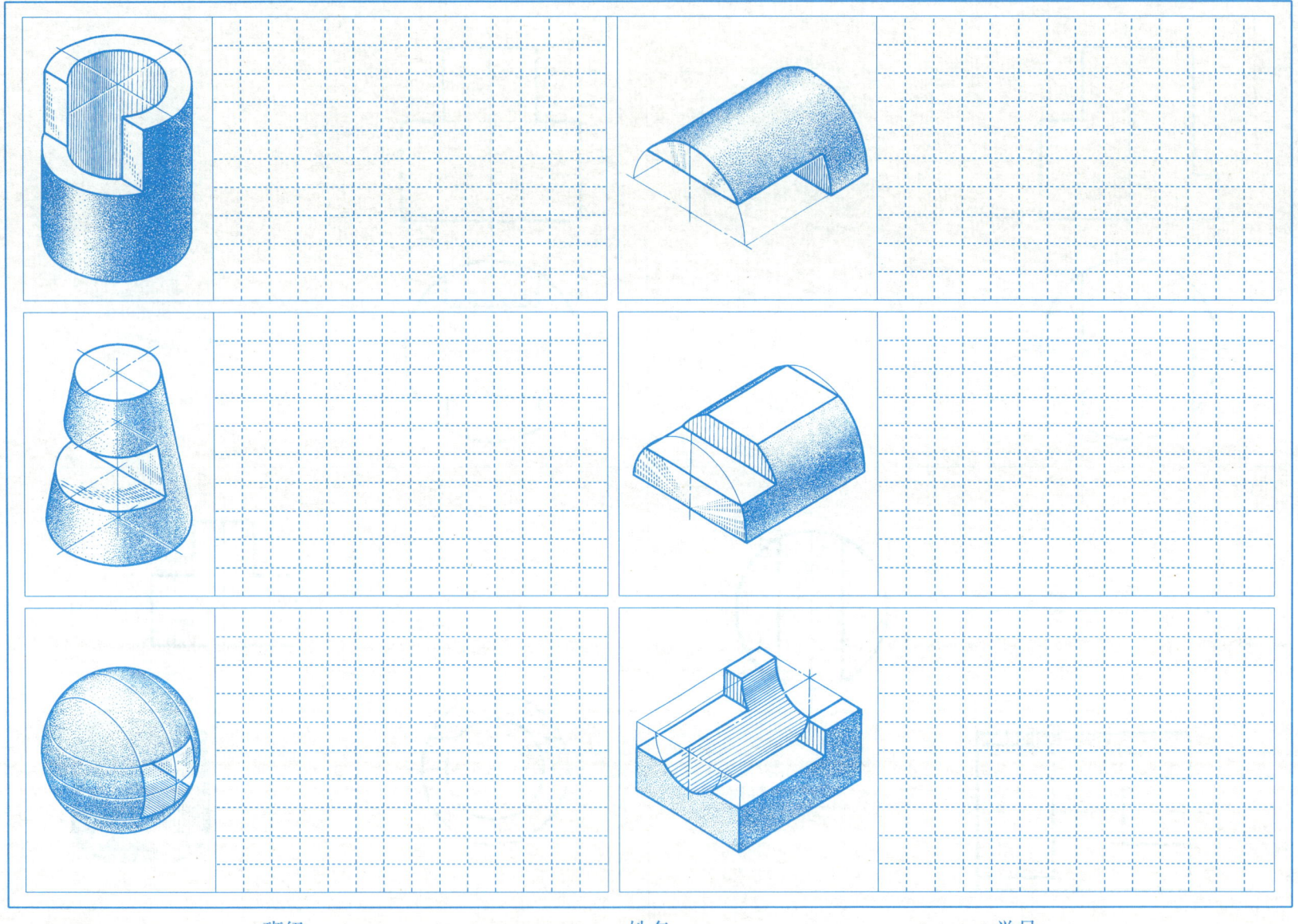

班级　　　　　　　　姓名　　　　　　　　学号

4-6 补画视图中所缺的图线。

1.

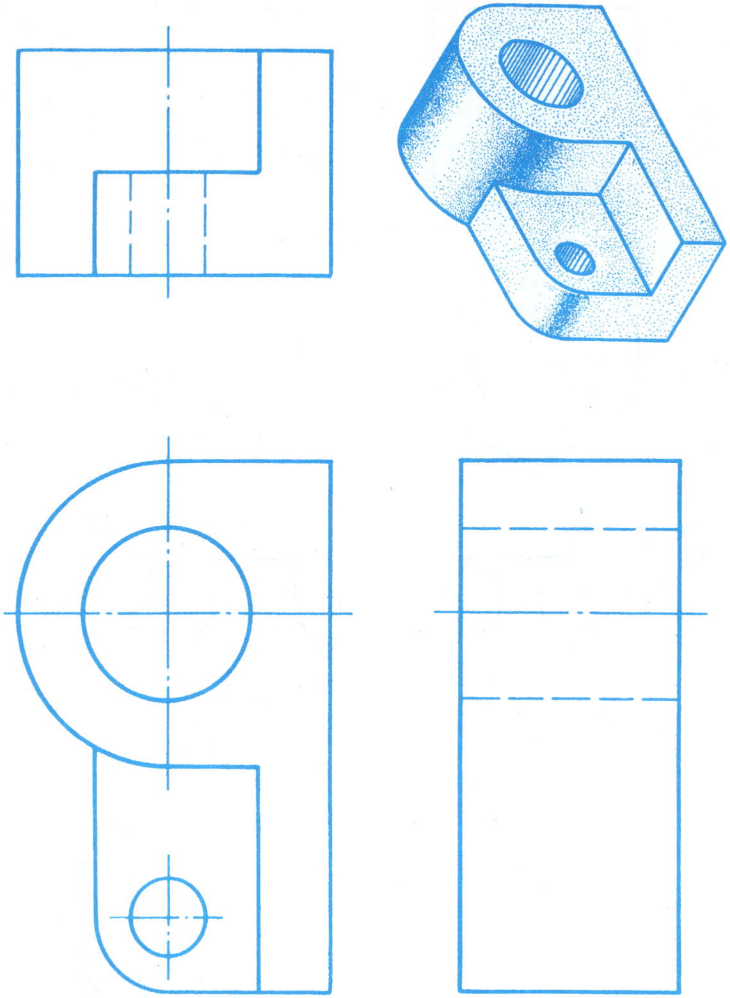

2.

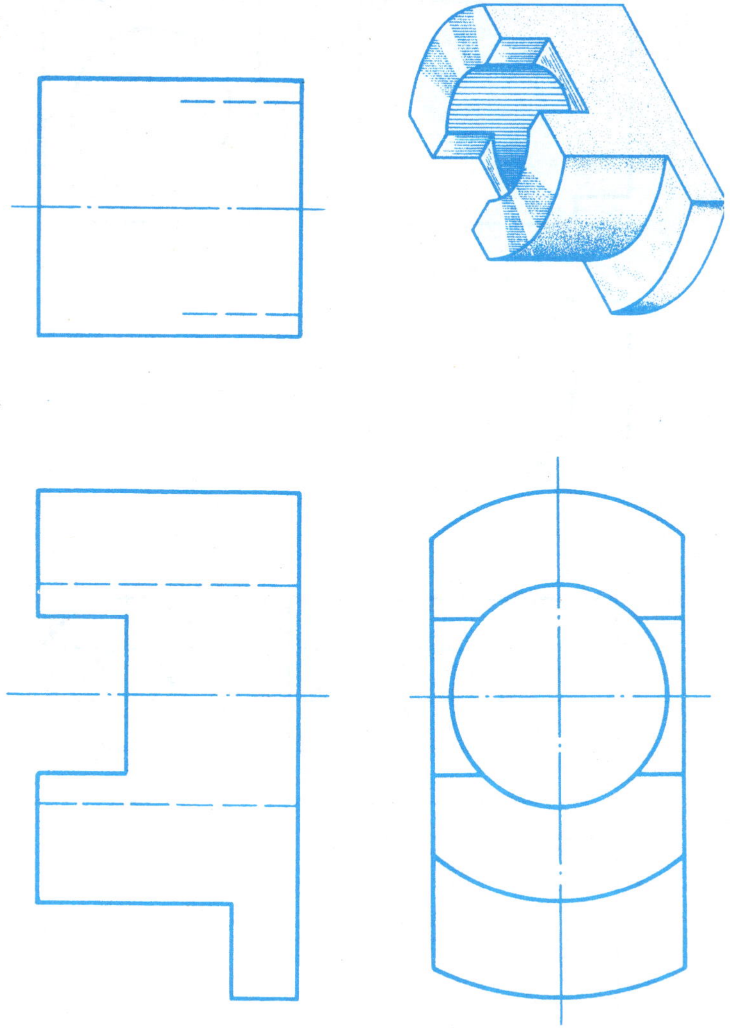

班级　　　　　　　姓名　　　　　　　学号

4-7 补画相贯线的投影或补画所缺视图。

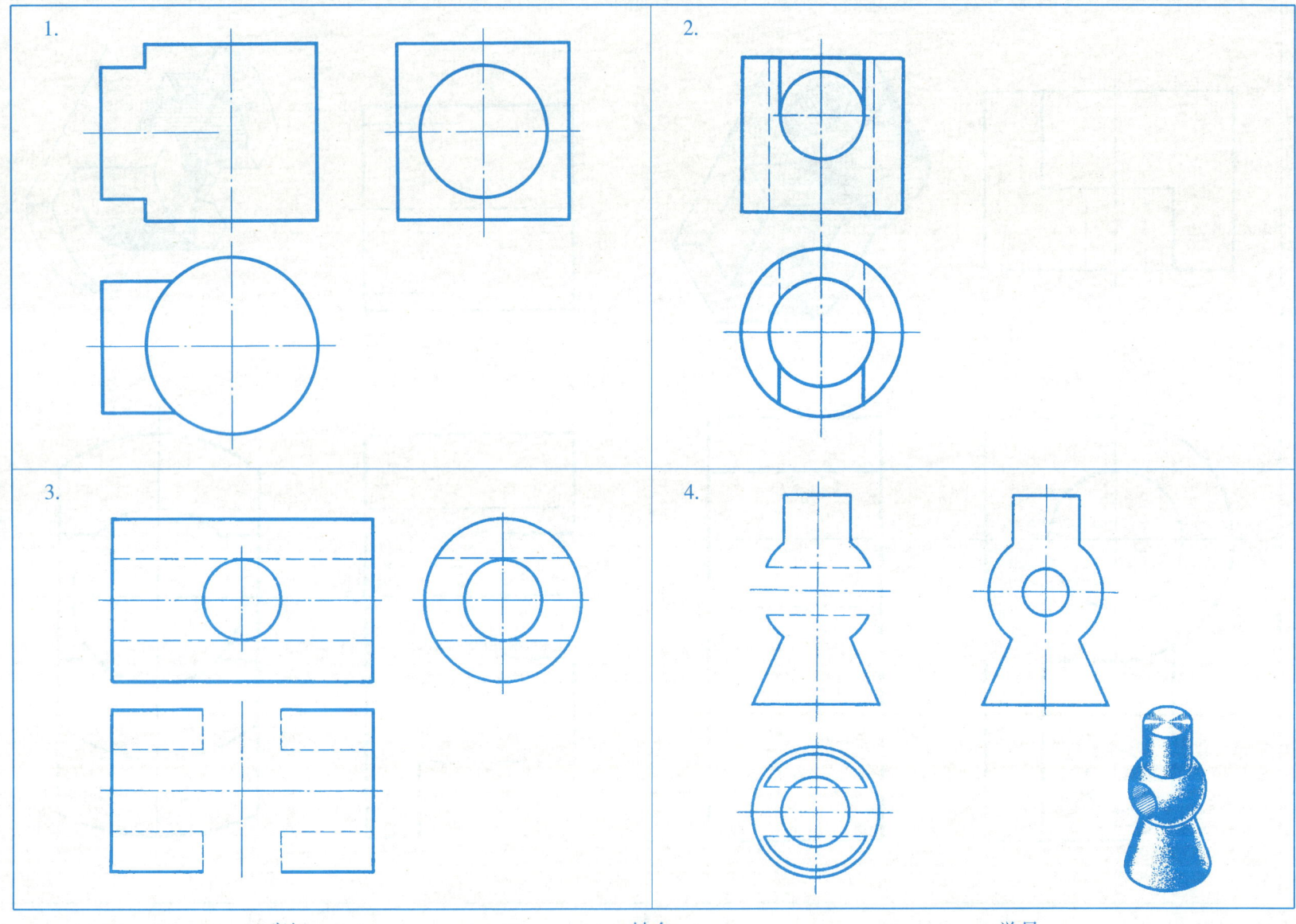

4-8 补画相贯线的投影，完成三视图。

1.

2.

五、组合体 5-1 根据轴测图补全视图中所缺的图线。

1.

2.

3.

4.

班级　　　　　　　　　　姓名　　　　　　　　　　学号

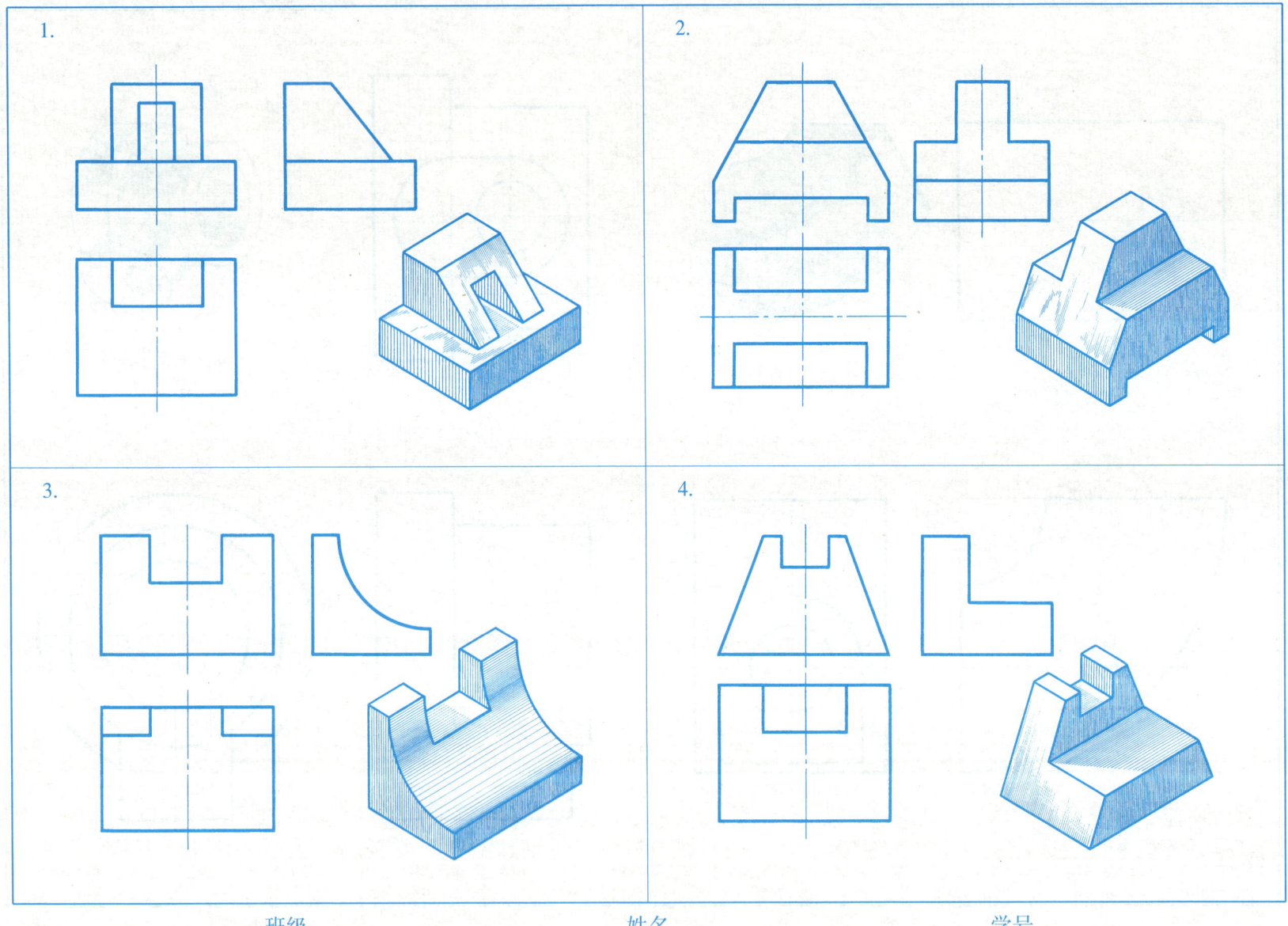

5-2 补画视图中所缺的图线。

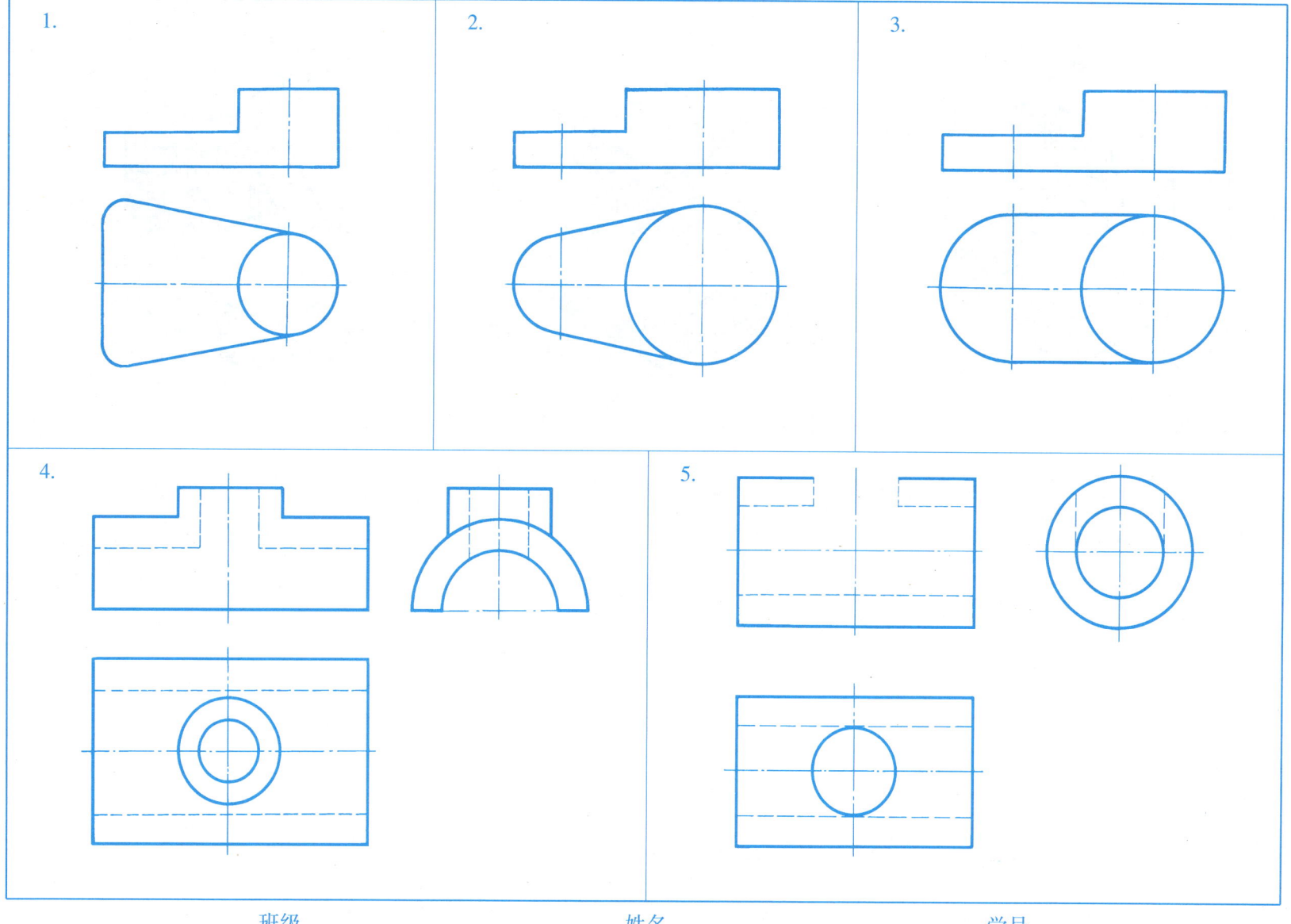

5-3 根据轴测图上标注的尺寸，按 1∶1 的比例画出三视图（由教师选定两题）。

班级　　　　　　　　　　　　姓名　　　　　　　　　　　　学号

5-4 根据轴测图，徒手画出其三视图。

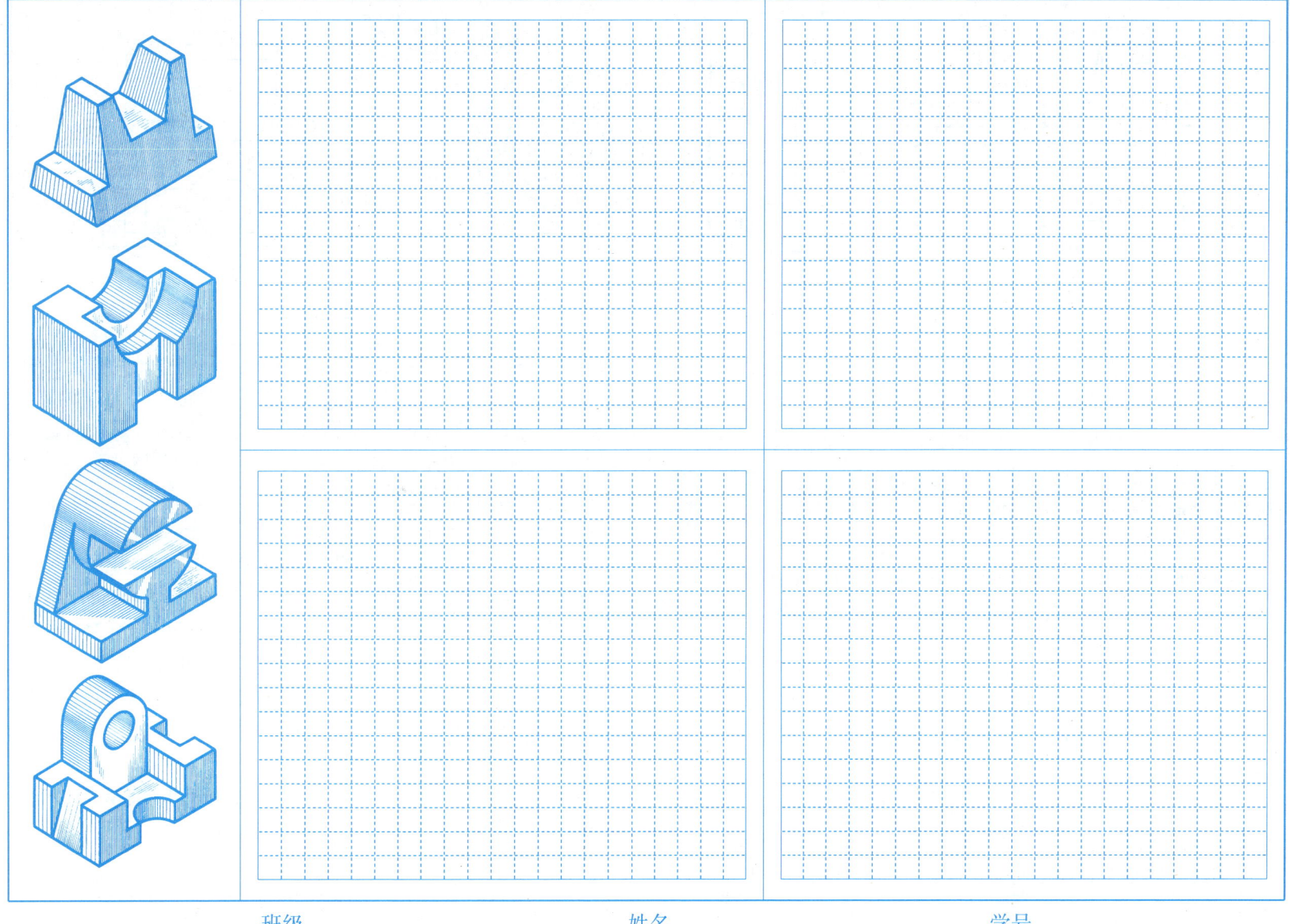

班级　　　　　　　　　姓名　　　　　　　　　学号

5-5 怎样检查图中的尺寸。

1.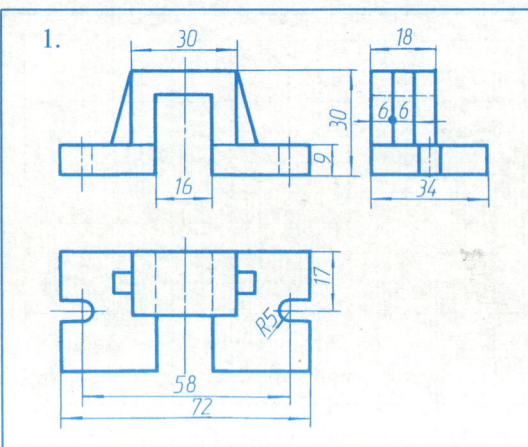

2.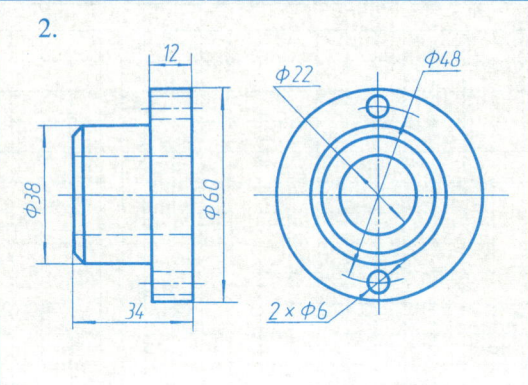

3.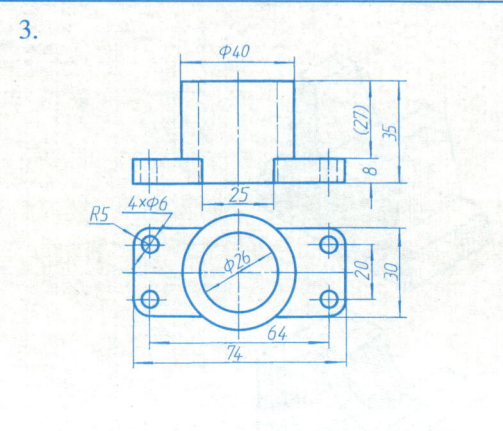

掌握检查尺寸的方法

图样是生产的指令，尺寸是图样中指令最强的内容。据美国杂志报导，71%的废品是尺寸原因造成的。可见，图样脱手前，对其尺寸审慎地进行检查，以保证标注尺寸的正确性，具有特殊重要的意义。

检查的标准：所注尺寸应准确无误地确定组合体各组成部分的形状、大小和位置。不得有多注和漏注的尺寸。检查的具体方法如下：

（一）按尺寸类别检查

1. 按各组成部分分别检查定形尺寸。
2. 按各部分相对位置检查定位尺寸。
3. 按整体外形的大小检查总体尺寸。

（二）分别从三个方向的尺寸基准出发，集中检查"同向"尺寸

如分题1，检查高度方向尺寸，可从该向基准——"底面"出发，按组成部分逐一往上"推"，结果发现，通槽的高度尺寸漏注。当尺寸基准为对称平面时，应从对称线出发，向两侧横跨，由内向外，由小到大依次地检查，如16、30……，结果查出肋板的长向尺寸未注。当尺寸基准为轴线时，如分题2所示，则应从轴线出发，径向地检查各部分的直径尺寸。然后，再从轴向基准（一般与轴线垂直）出发检查轴向尺寸，发现倒角尺寸遗漏。

（三）检查有无重复尺寸

按重复尺寸（或多余尺寸）加工零件，既不便于测量，也影响尺寸精度，甚至会使零件报废，如查出，则应去掉。如分题3中的25，因受底板宽度和圆筒外径尺寸的制约，是机件成形后自然得到的，故为多余尺寸。主视图中的27为重复尺寸。但底板的长向尺寸74、64和宽向尺寸30、20及R5则是常见注法，它们均有各自的意义，其中：74和30表示底板的长和宽；64和20是钻孔时圆心的定位尺寸；而R5则是为作木模时确定圆角半径提供方便。

（四）检查尺寸数字

检查有无错注、漏注之处，还要校核相关尺寸数字是否协调。如分题3中，应核对74是否等于64加上两个圆弧半径尺寸R5之和，如此等等。

5-6 指出视图中重复或多余的尺寸（打叉），并标注遗漏的尺寸（不注尺寸数字）。

1.

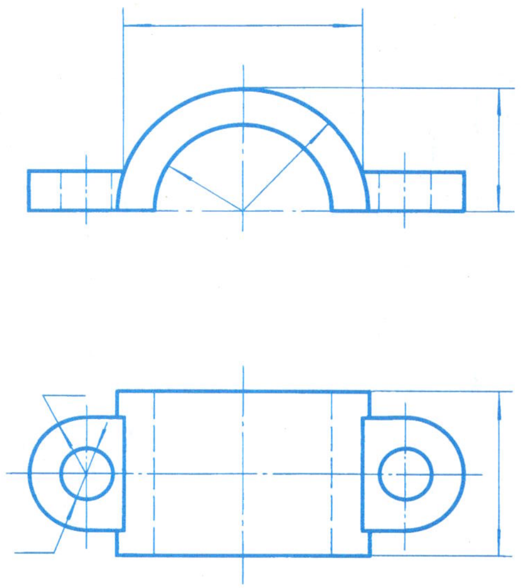

2.

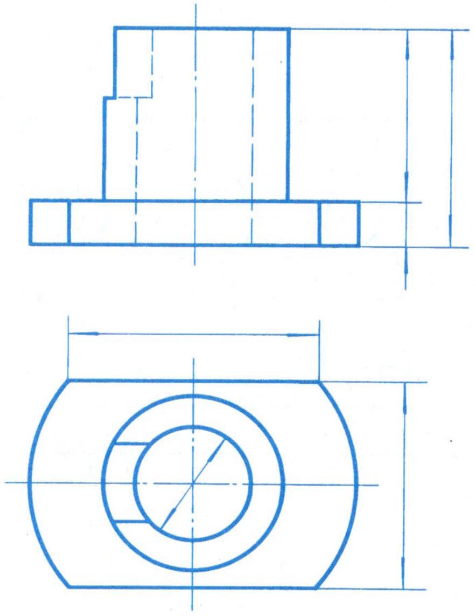

3.

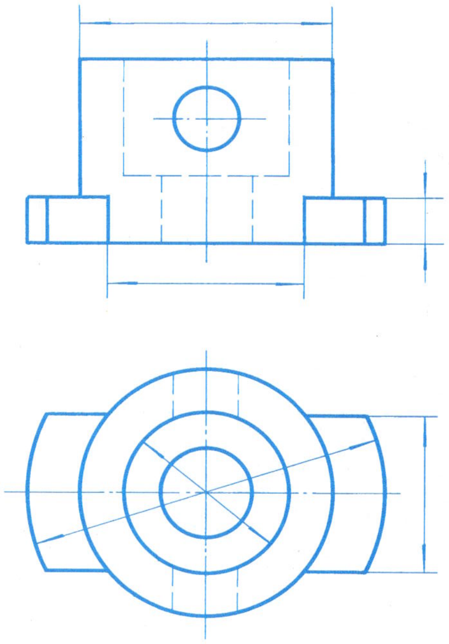

4.

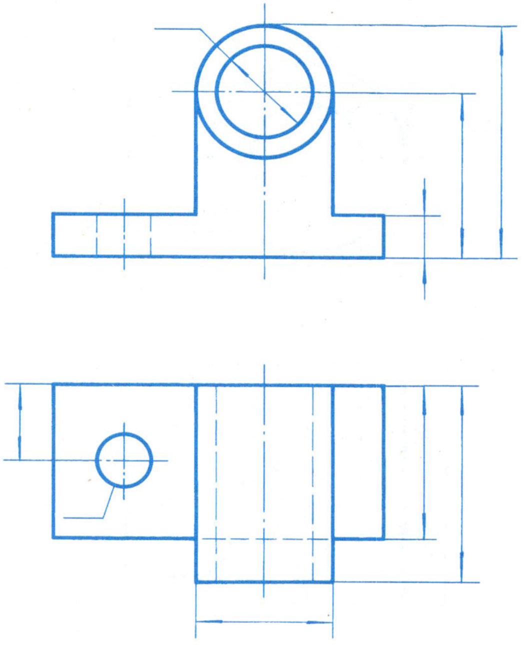

班级　　　　　　　姓名　　　　　　　学号

5-7 指出视图中重复或多余的尺寸(打叉),并标注遗漏的尺寸(不注尺寸数字)。

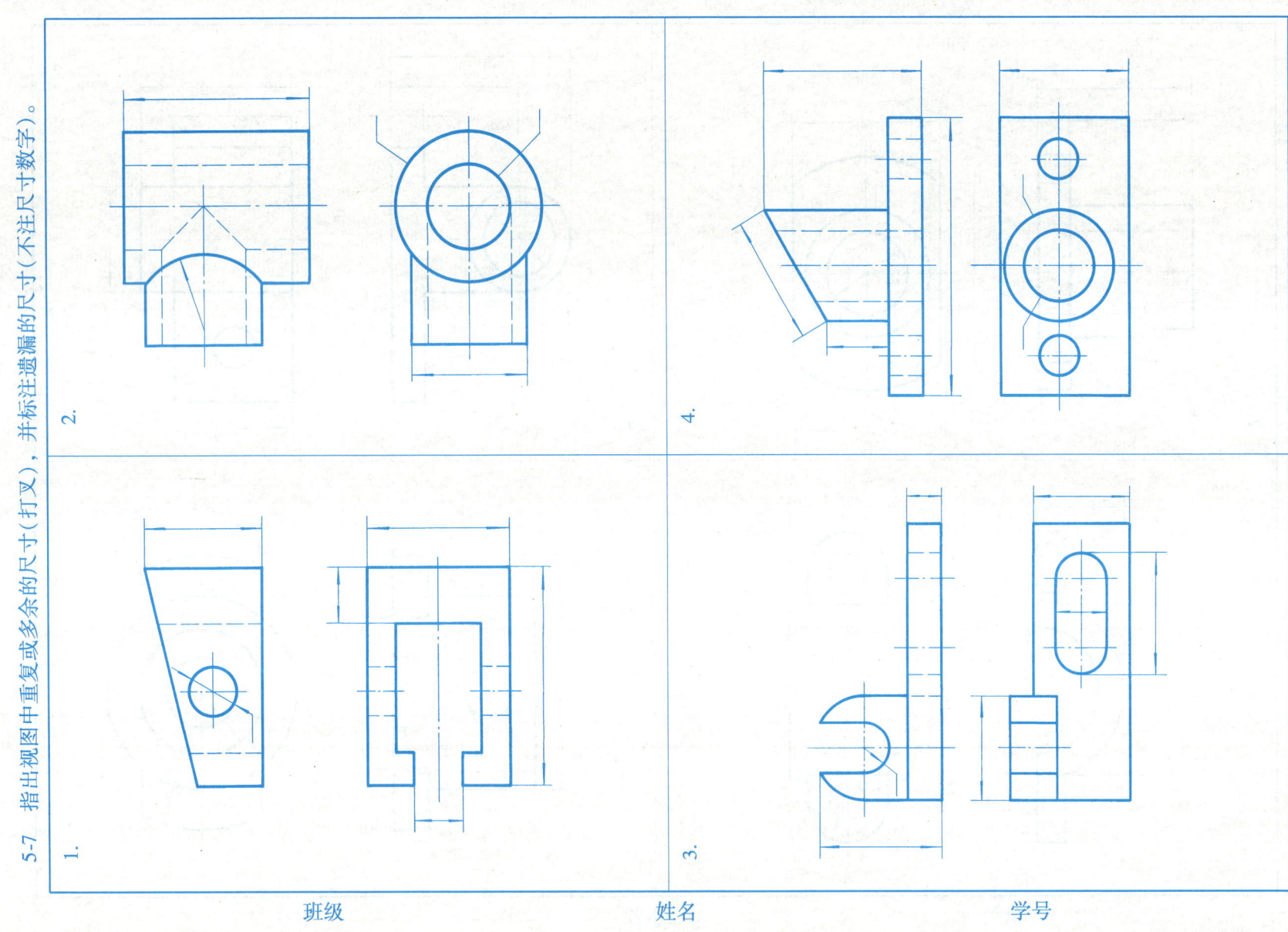

班级　　　　　姓名　　　　　学号

5-8 分析视图，想出形状，标注尺寸（尺寸数值按 1∶1 的比例从图中量取整数）。

1.

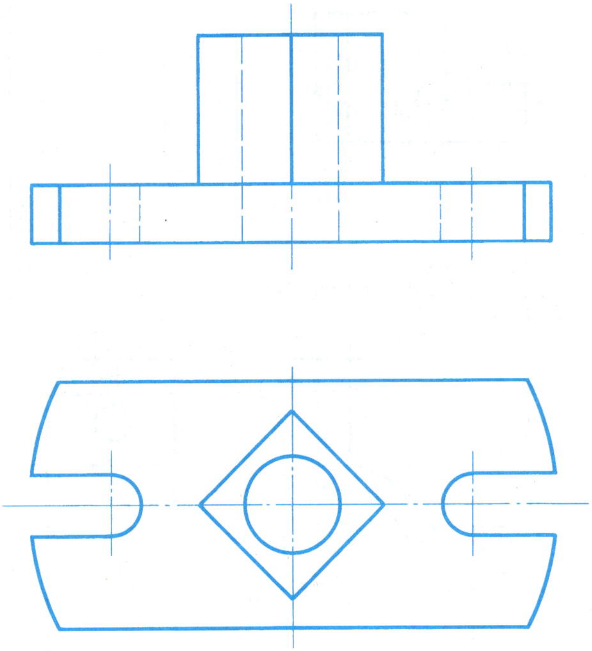

2.

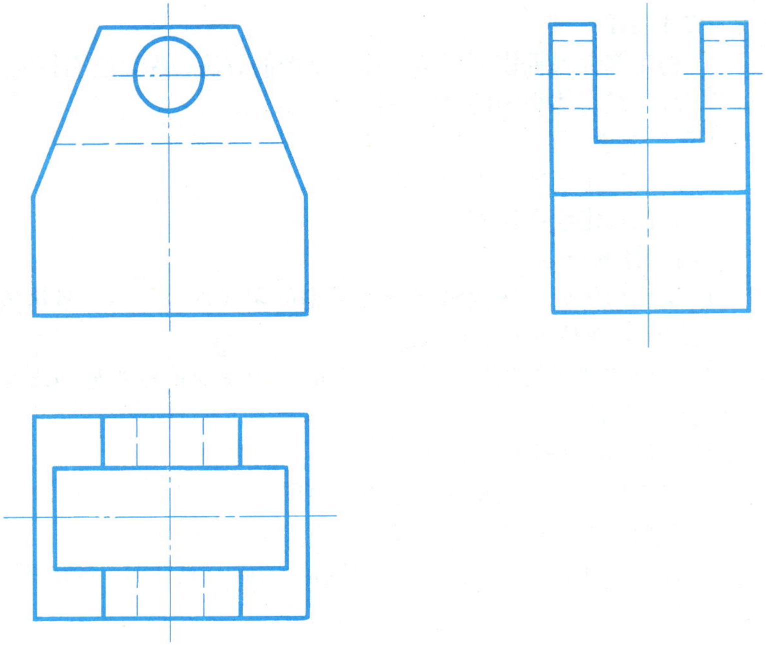

班级　　　　　　　　　　　　姓名　　　　　　　　　　　　学号

5-9 组合体作业。

作业 4　组合体三视图

（一）内容

根据模型（或轴测图）画三视图，并标注尺寸。

（二）目的

1. 初步掌握根据模型画组合体三视图的方法，提高绘图技能。
2. 练习组合体视图的尺寸注法。

（三）要求

1. 用 A3 图纸或 A4 图纸，横放。
2. 自己选定绘图比例。

（四）作图步骤

1. 运用形体分析法搞清组合体模型的组成部分，以及各组成部分之间的相对位置和组合关系。
2. 选取主视图的投射方向。所选的主视图应能最明显地表达模型的形状特征。
3. 画底稿（底稿线要细而轻）。
4. 检查底稿，修正错误，擦掉多余图线。
5. 按前面所讲的要求描深图线。
6. 标注尺寸，填写标题栏（根据轴测图画三视图时，不能将轴测图上所注的尺寸照搬，应按标注尺寸的要求进行）。

（五）注意事项

1. 布置视图时，要留出标注尺寸的位置。
2. 必须运用形体分析法，并按三类尺寸的要求标注尺寸，尺寸的布置要清晰。
3. 度量尺寸时所得的小数要化为整数。
4. 用标准字体填写尺寸数字和标题栏。图例如右图所示。

（六）图例（见右图）

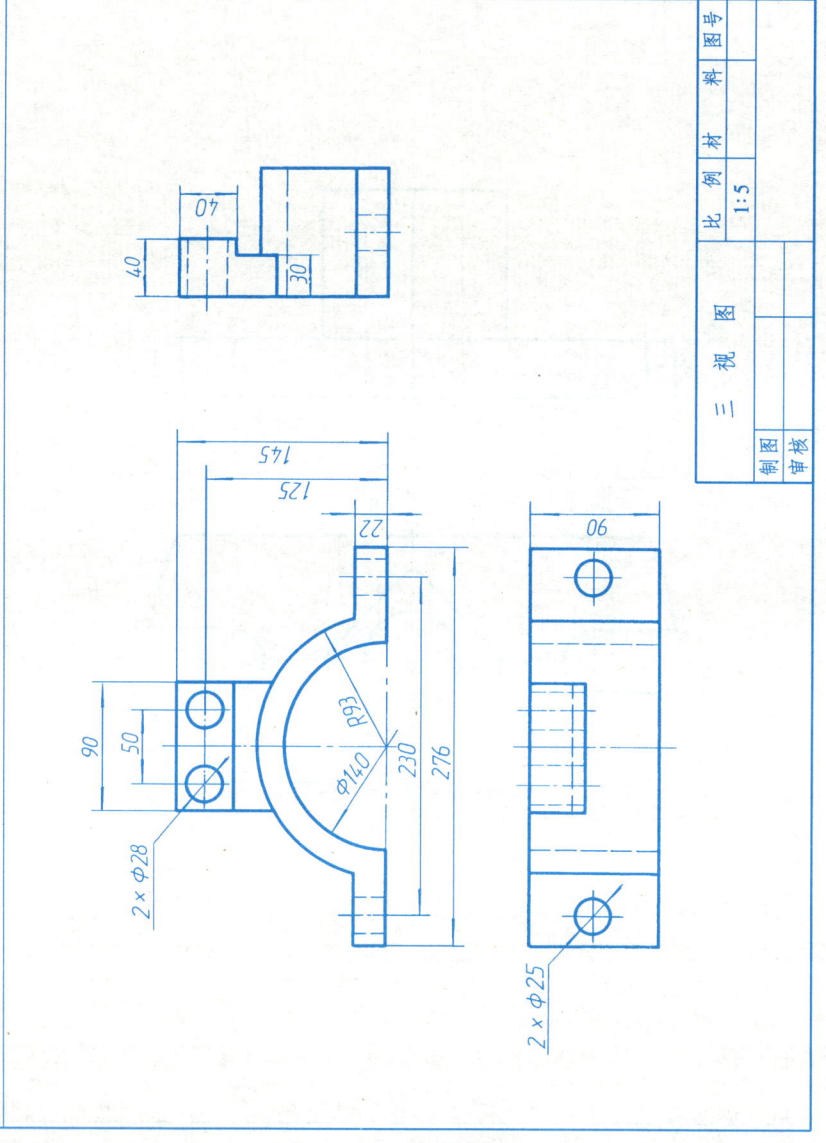

5-10 根据轴测图画三视图，并标注尺寸。

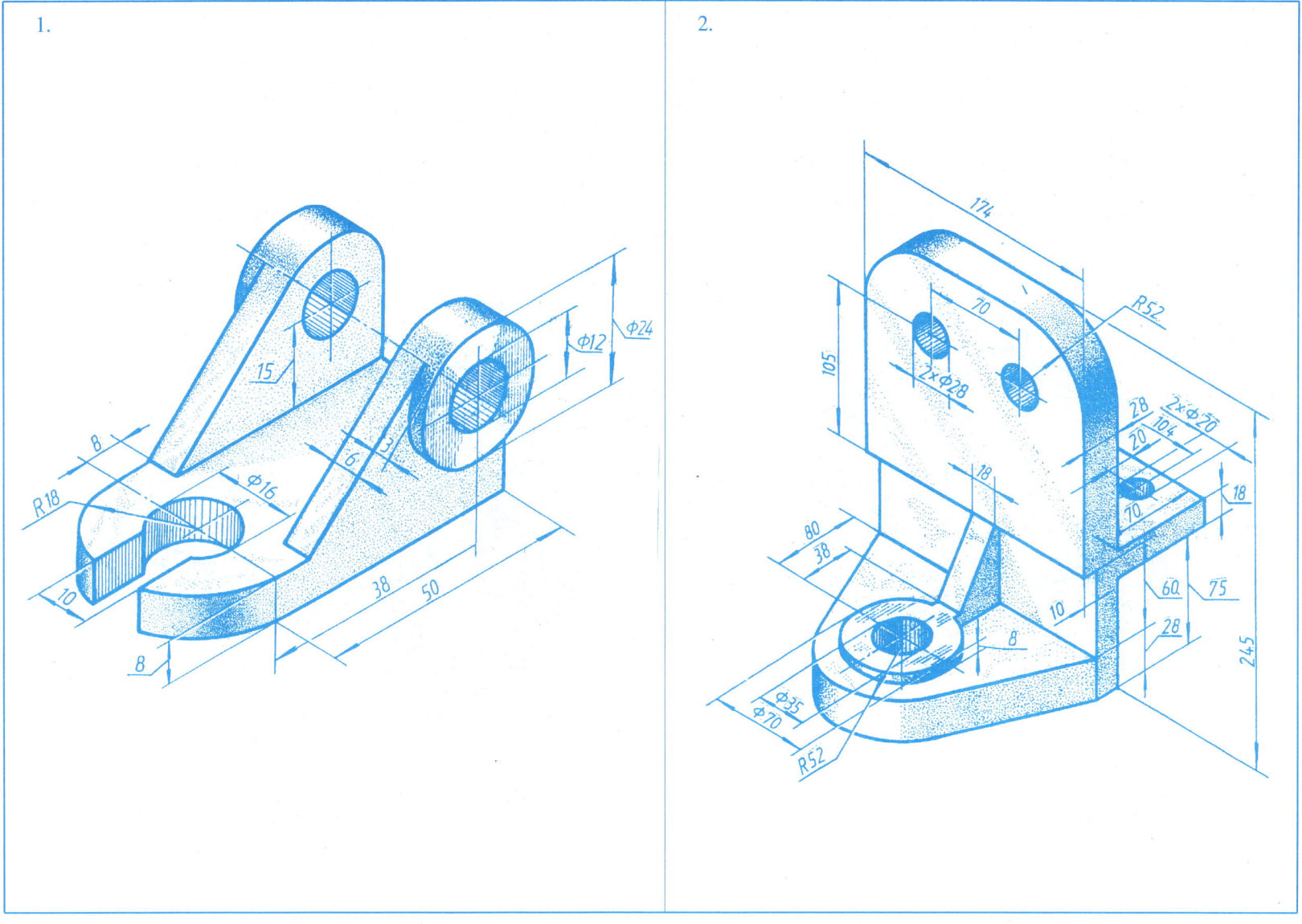

5-11 根据轴测图画三视图，并标注尺寸(任作其一，比例为 1∶1，用 A4 图纸)。

1.

2.

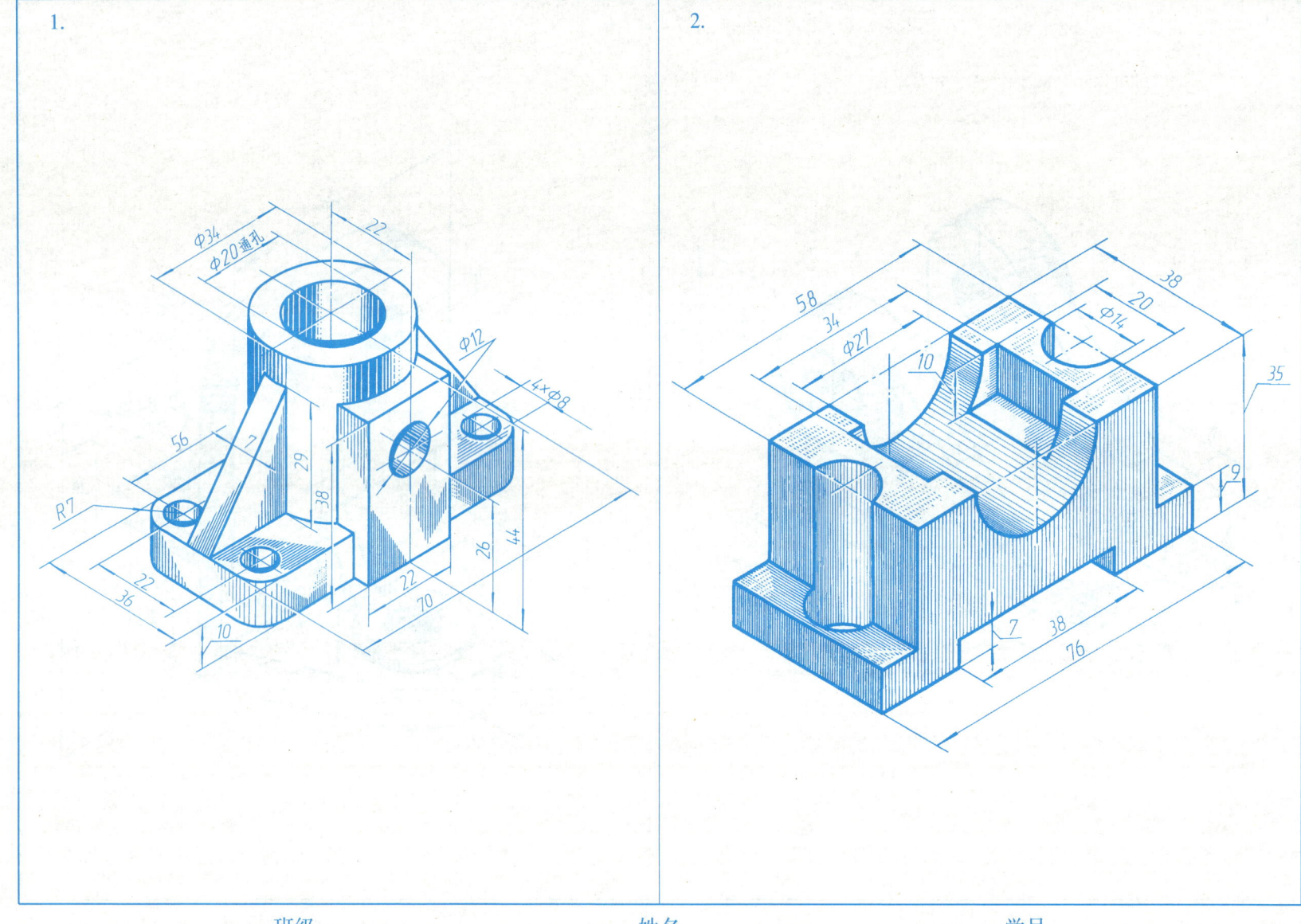

班级　　　　　　　　　姓名　　　　　　　　学号

5-12 续前页（比例为 1:1，用 A3 图纸）。

5-13 补画视图或补画缺线。

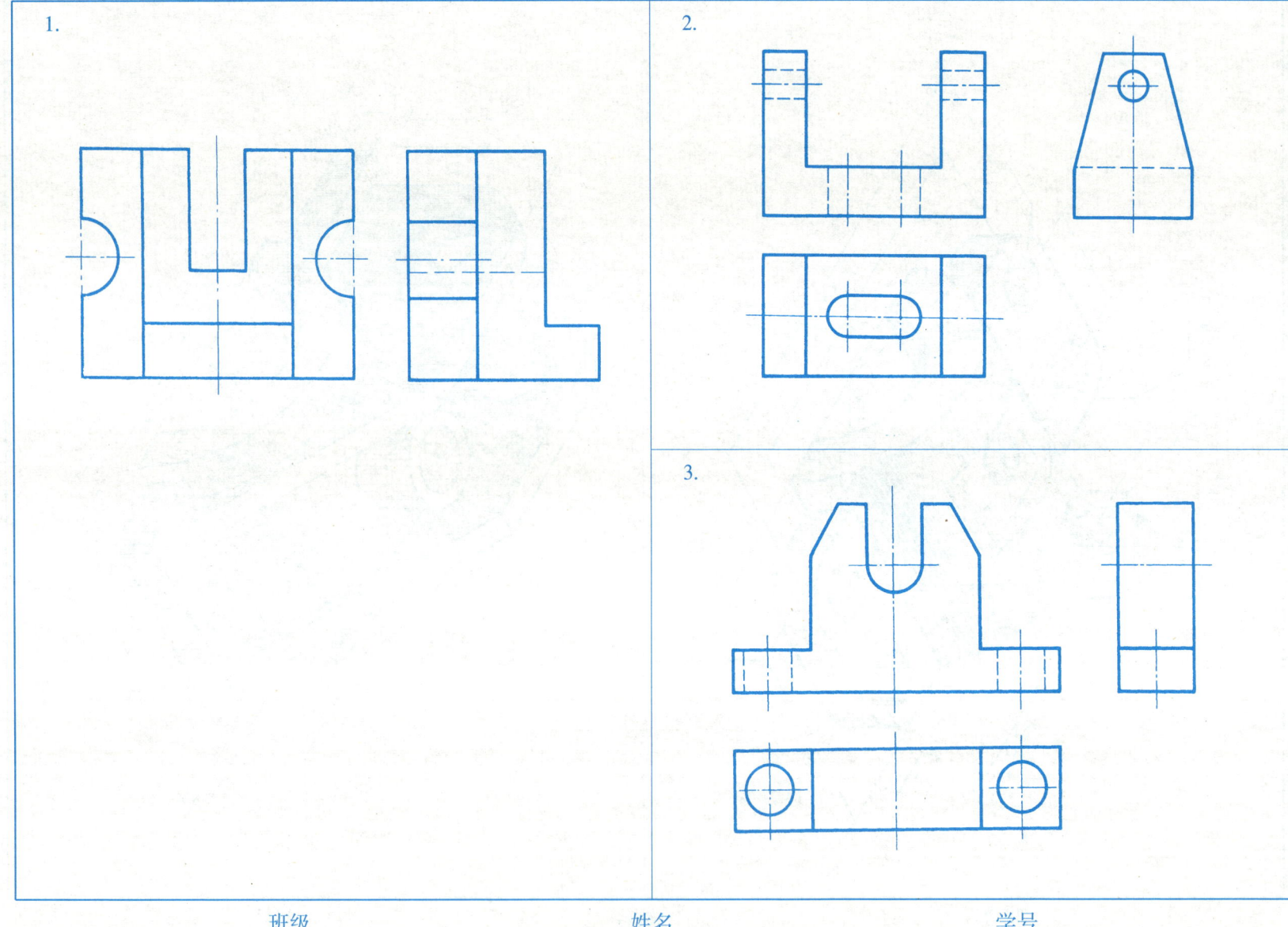

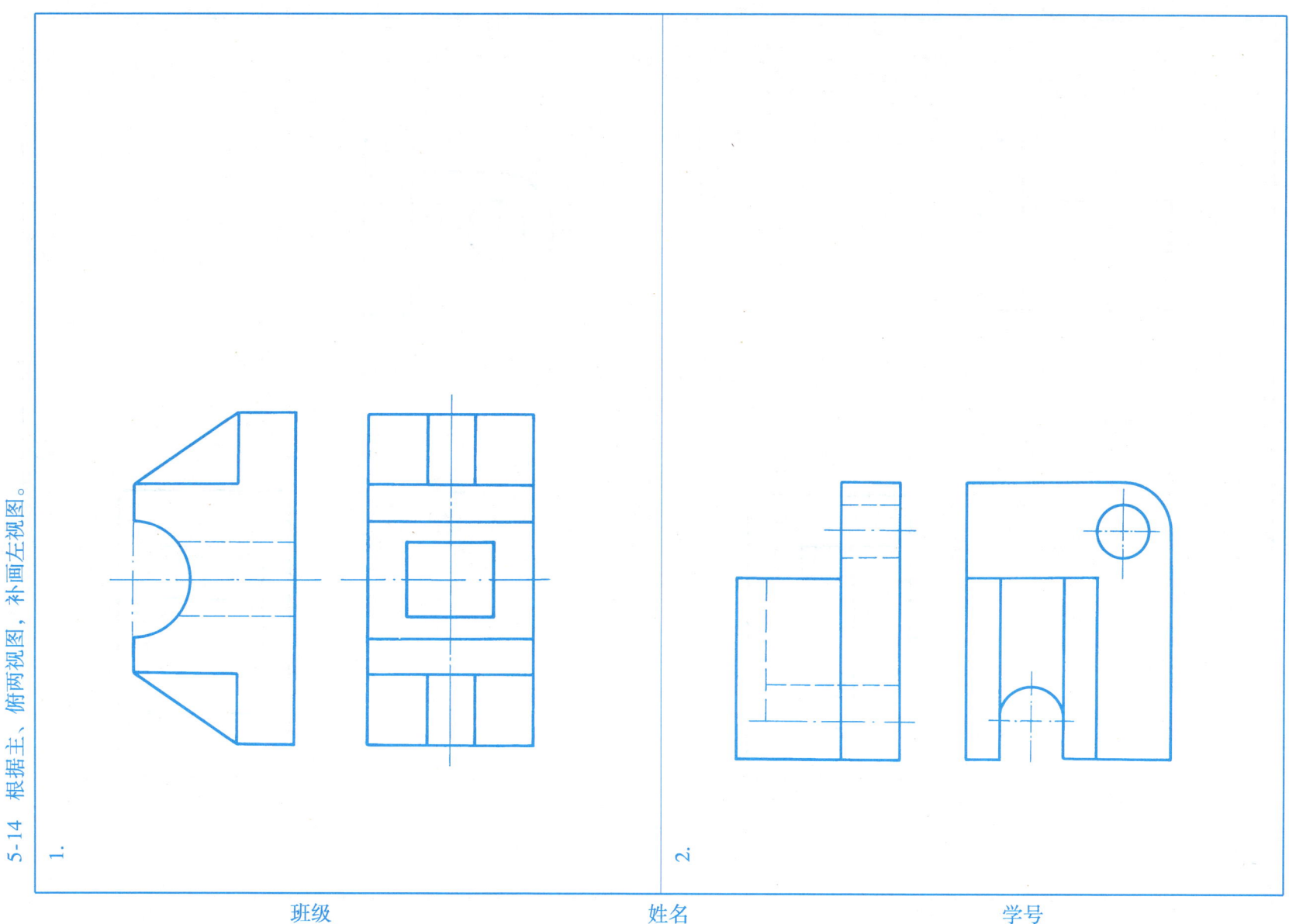

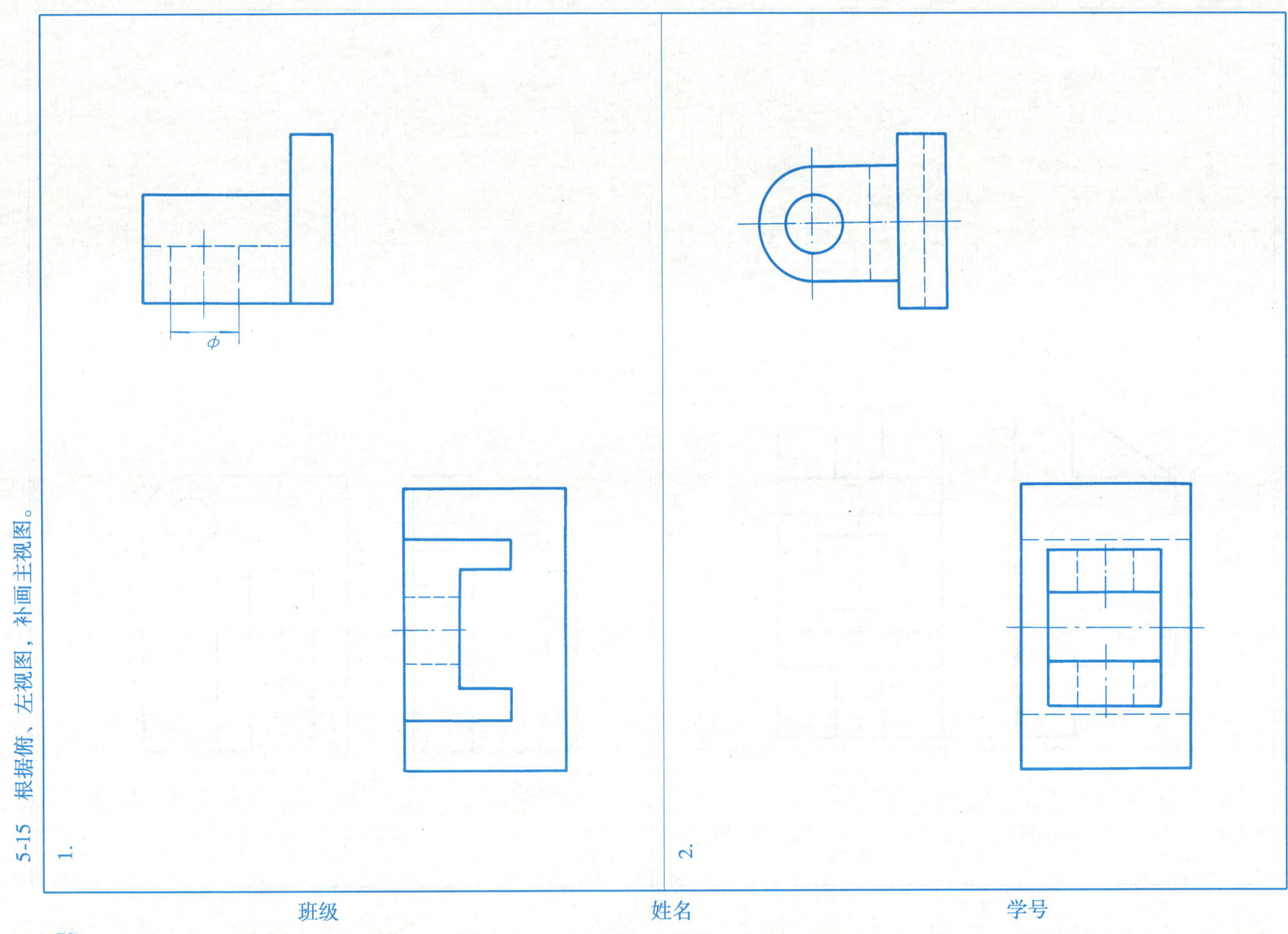

5-16 补画视图中所缺的图线。

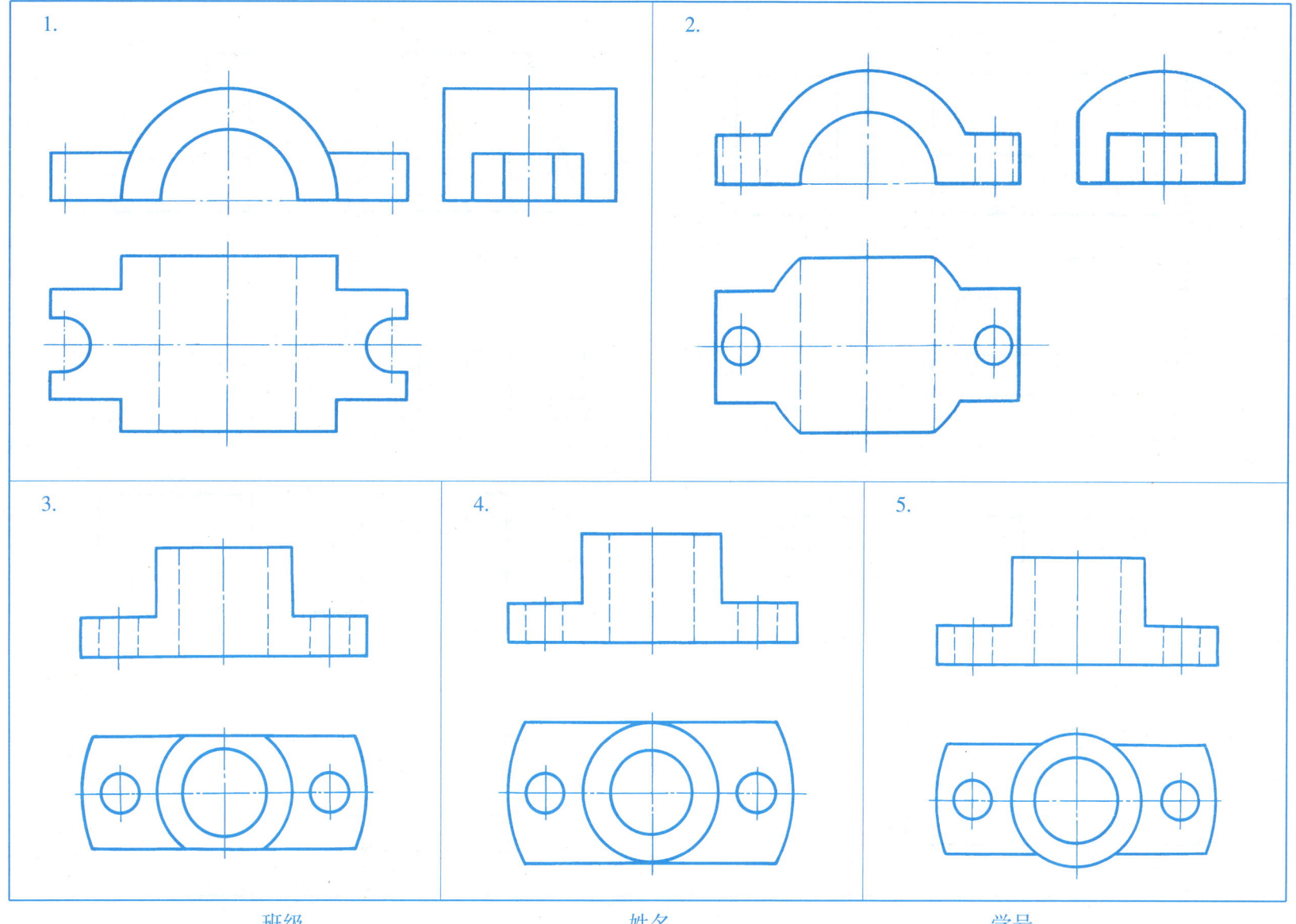

5-17 补画视图中所缺的图线。

1.
2.
3.
4.

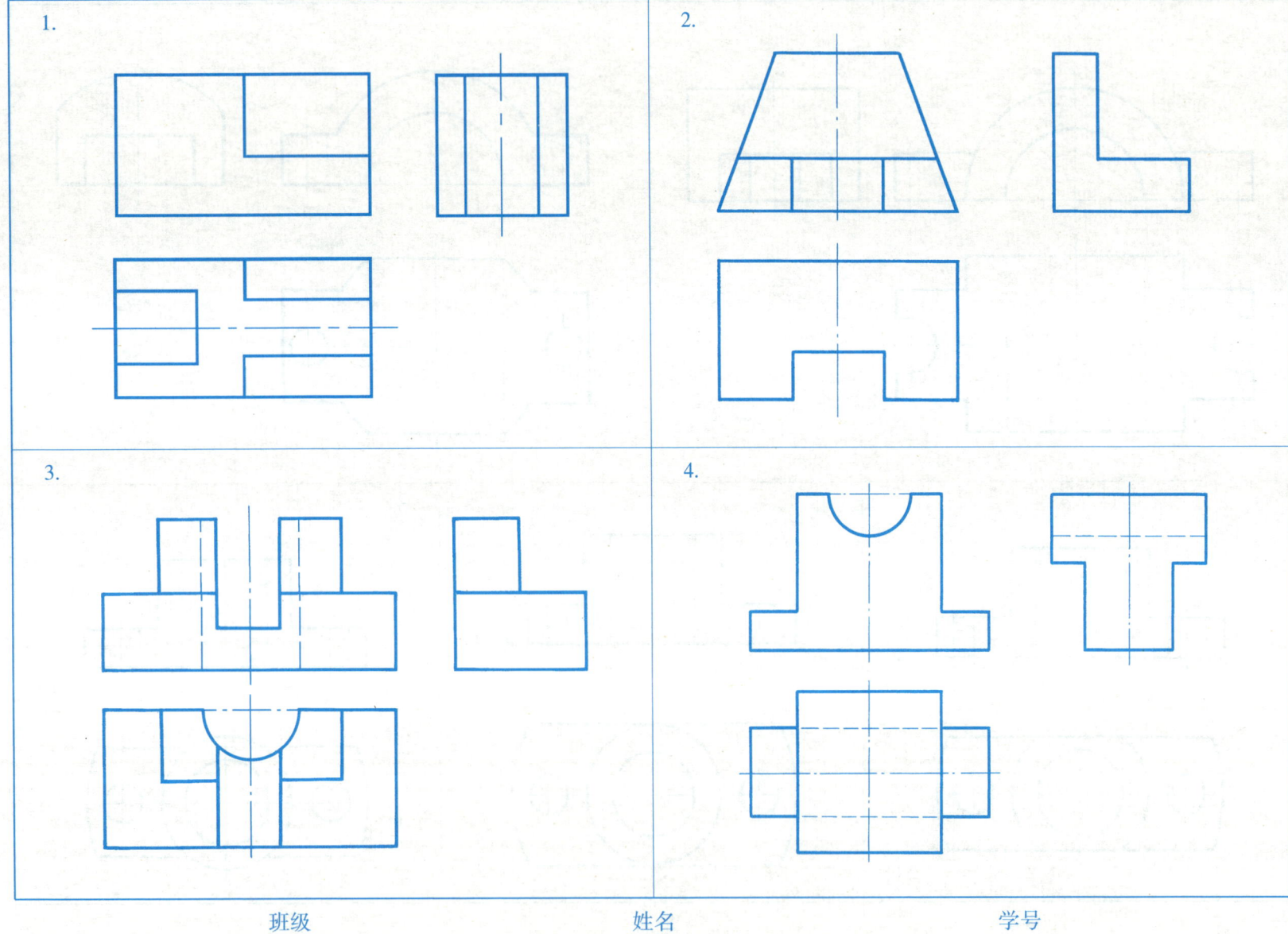

班级　　　　　　　　姓名　　　　　　　　学号

5-18 根据主、左视图，补画俯视图。

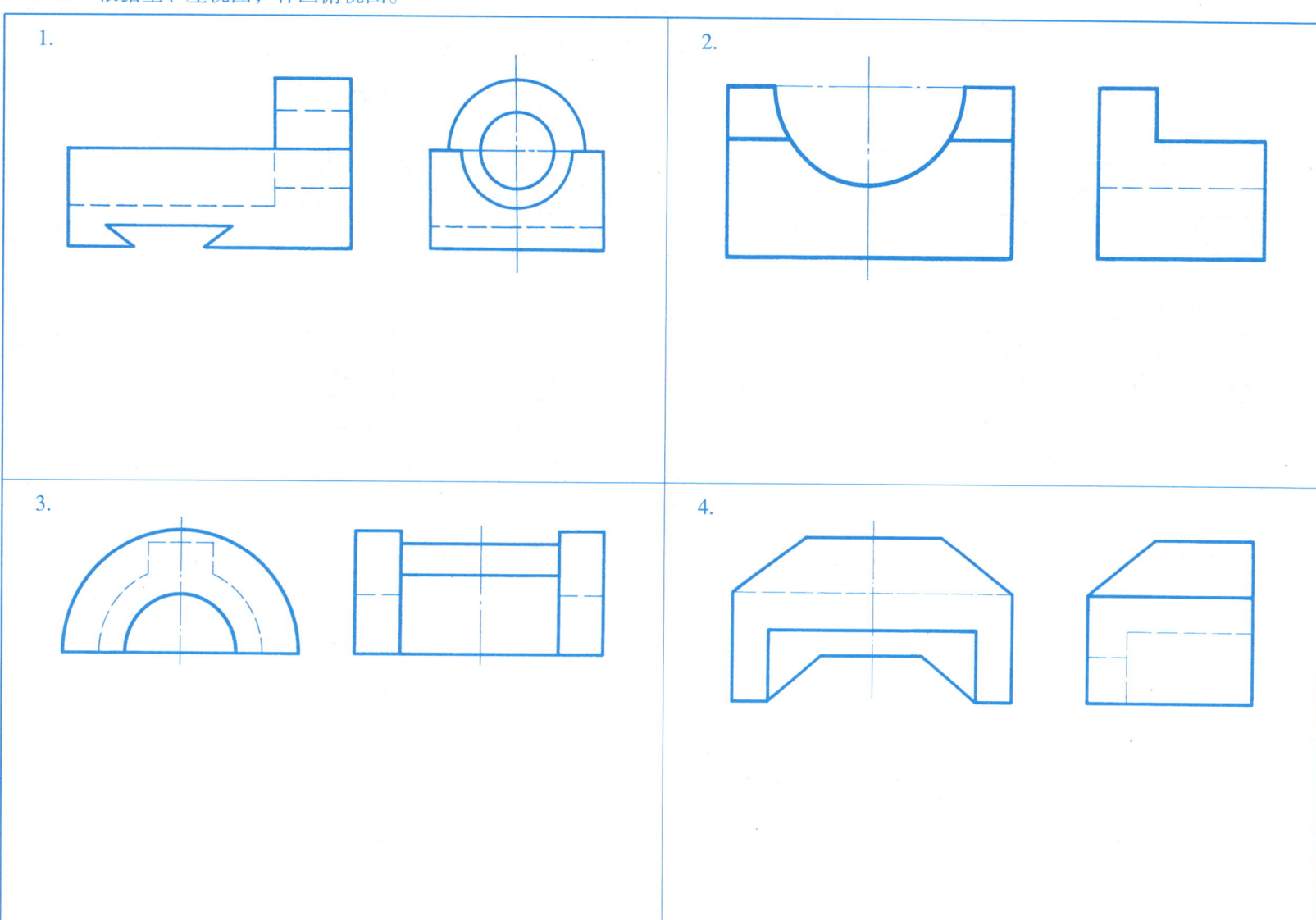

5-19 根据主、俯视图，补画左视图。

1.

2.

3.

4.

班级　　　　　　　姓名　　　　　　　学号

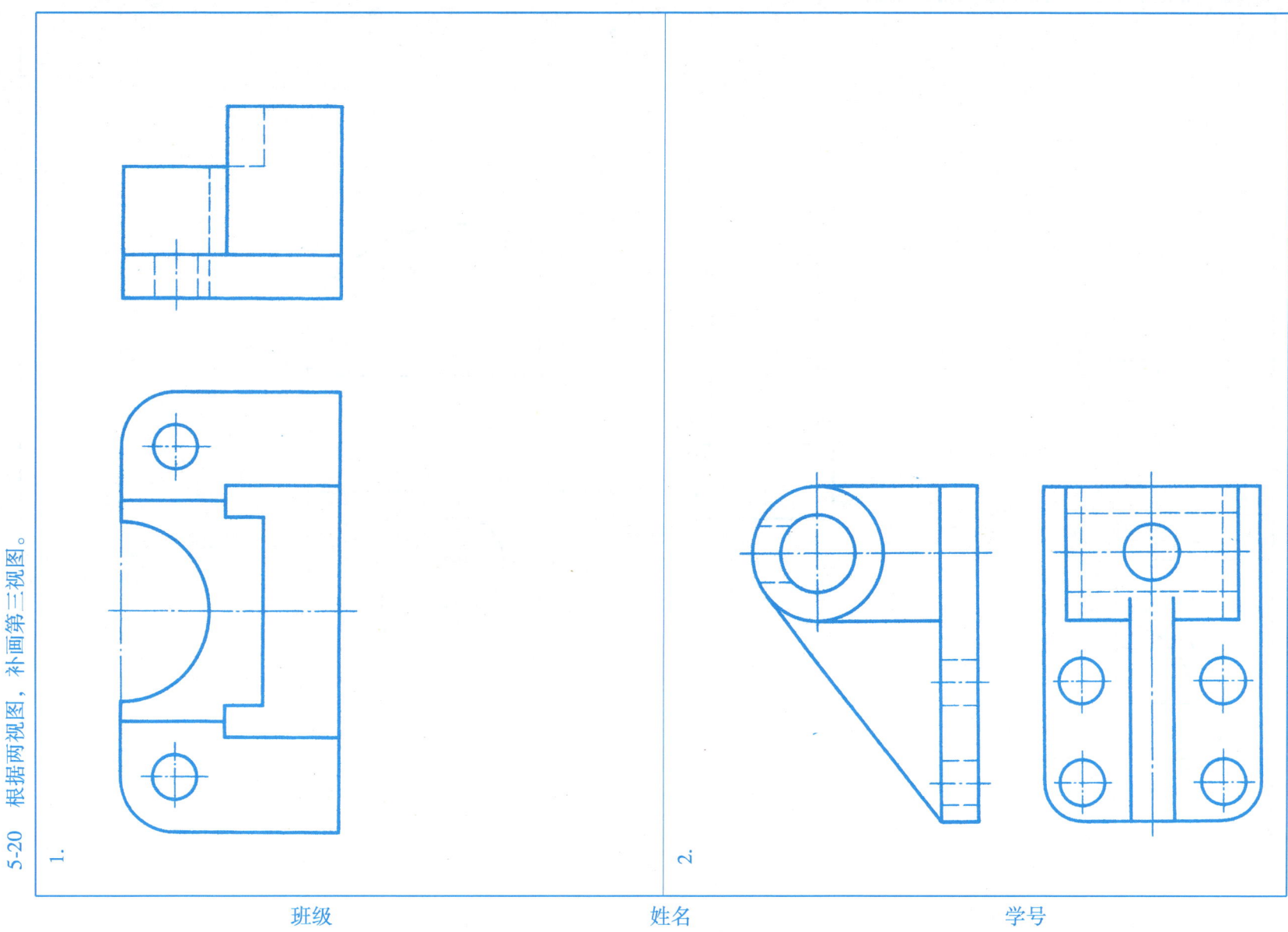

5-21 根据两视图，补画所缺的第三视图。

1.

2.

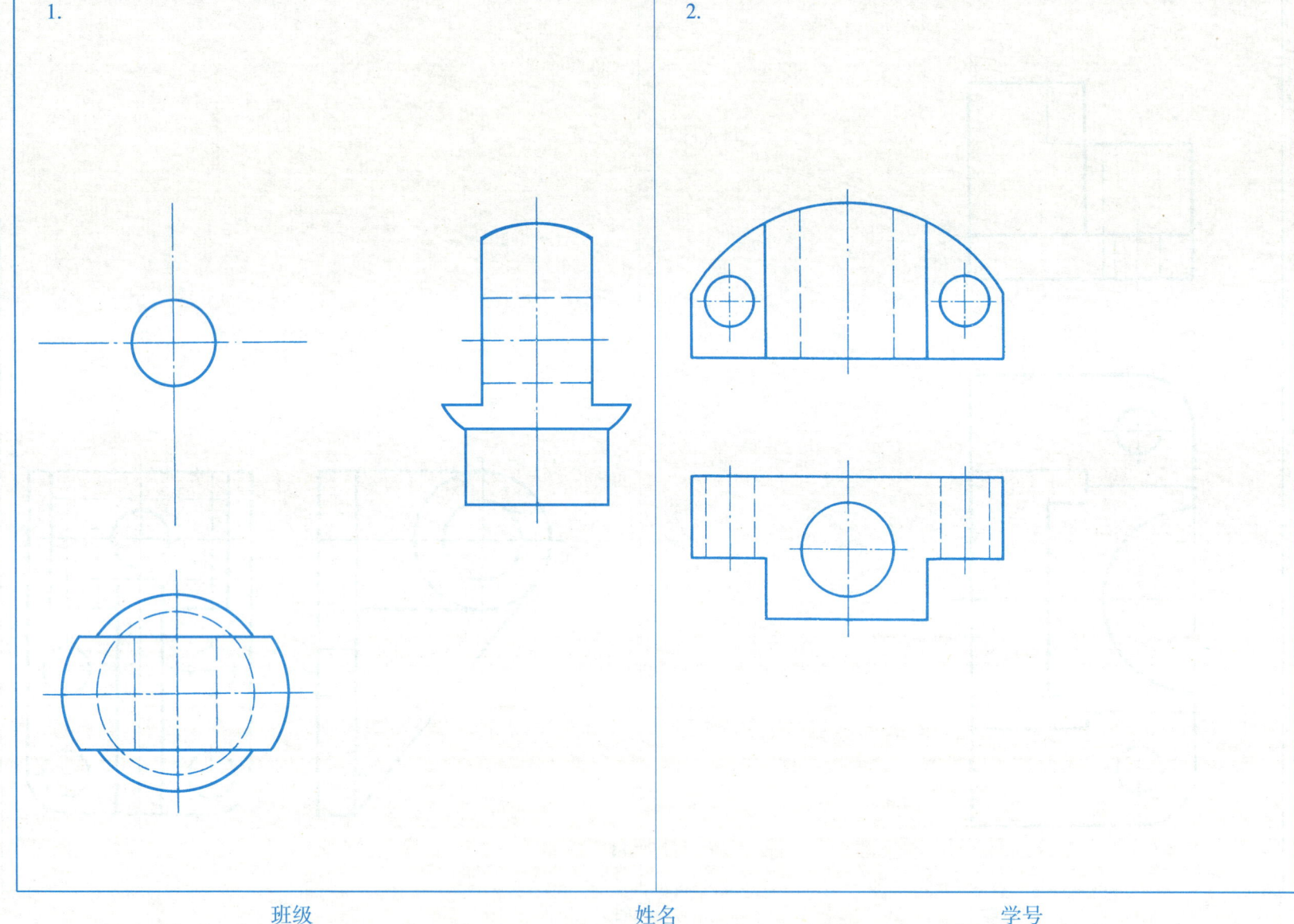

5-22 根据主、俯两视图，补画左视图。

1.

2.

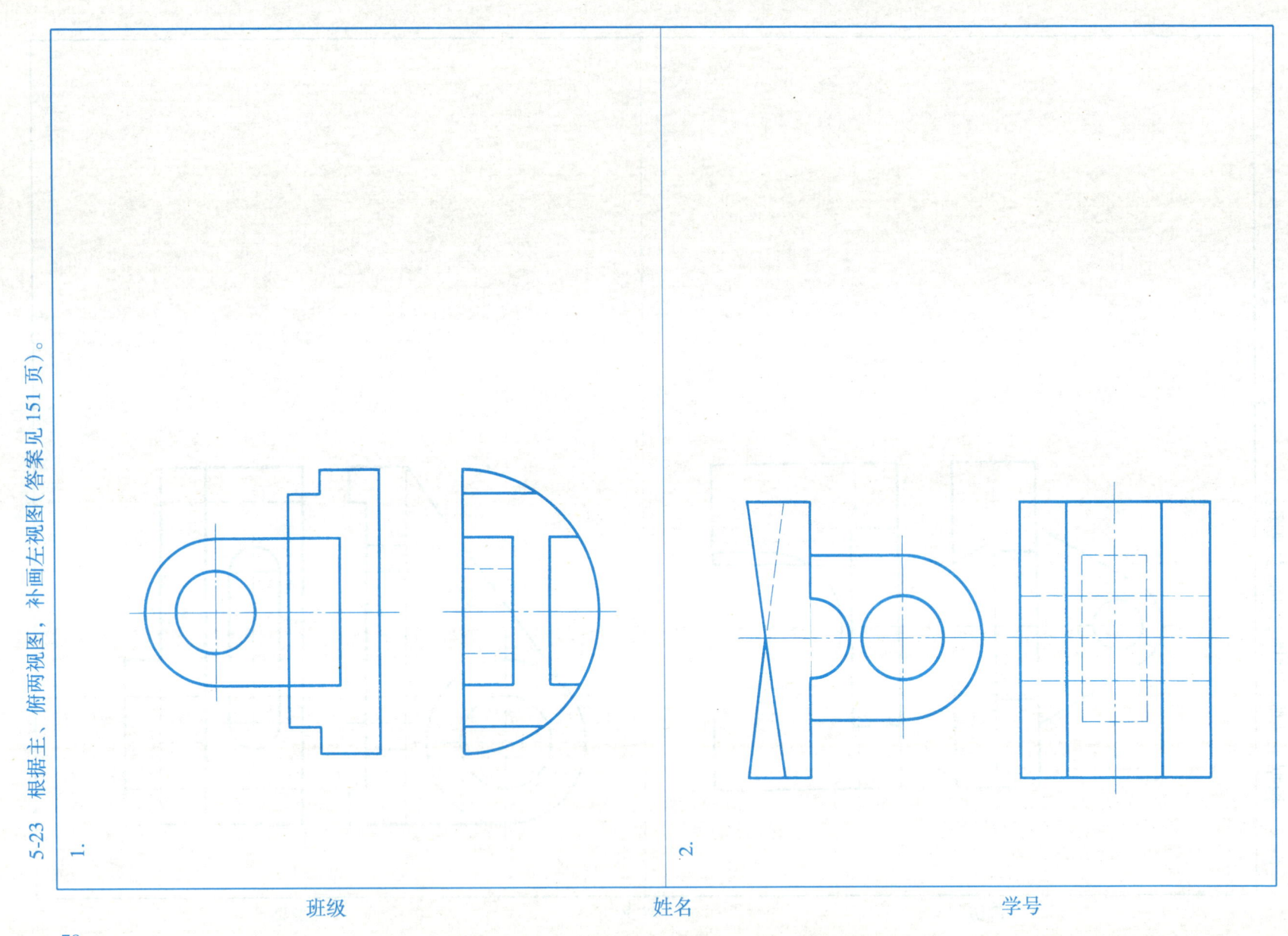

六、机件的表达方法 6-1 根据主、俯、左三视图，补画右、后、仰三视图（题2要求徒手绘制，并在右下角勾画物体的正等测）。

1.

2.

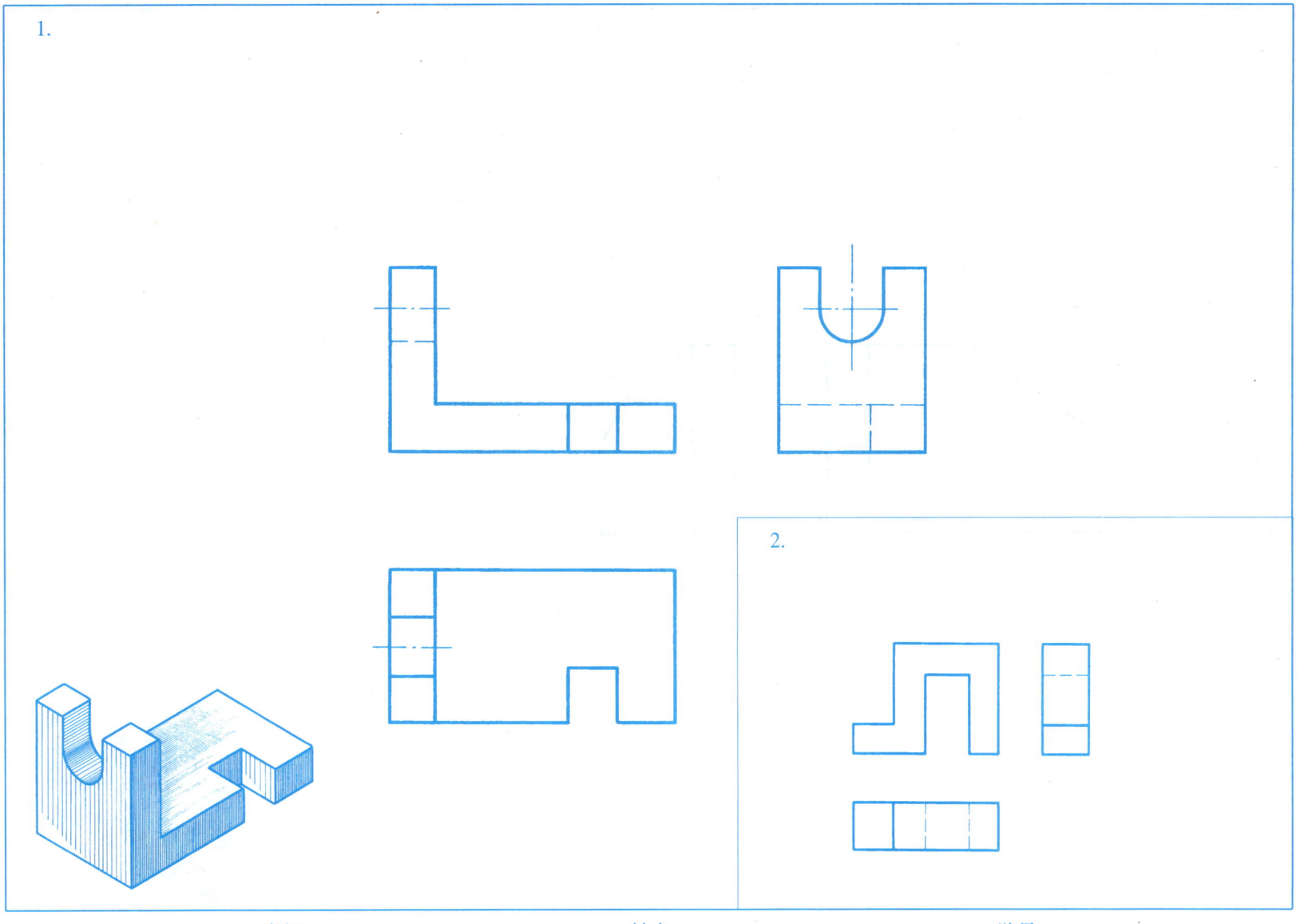

班级　　　　　姓名　　　　　学号

6-2 根据三视图、补画右、后、仰视图。

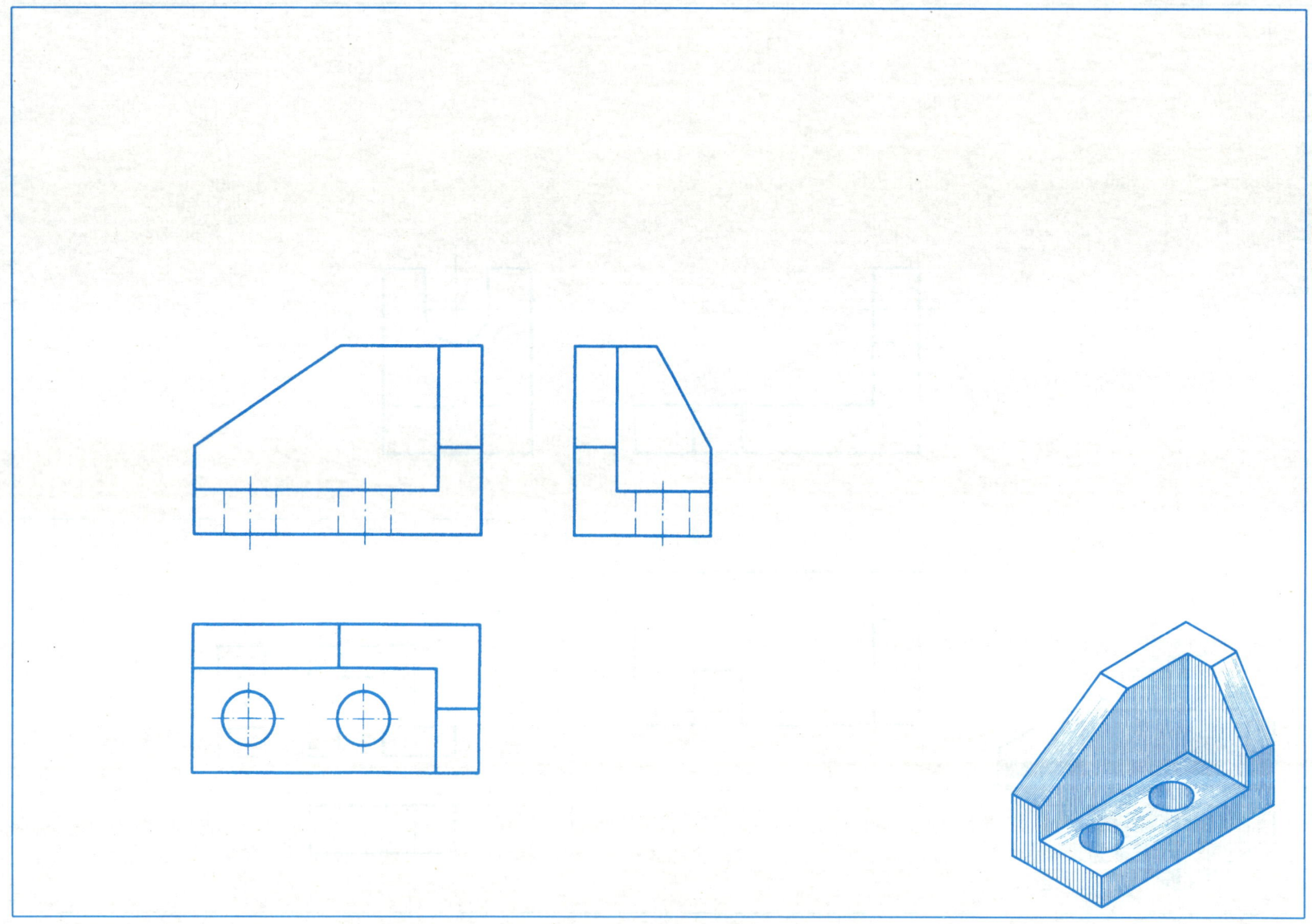

班级　　　　　　　　姓名　　　　　　　　学号

6-3 向视图。

1. 根据左上角的主视图,辨认向视图,并对其进行标注。

2. 根据主、俯、左三视图,按箭头所指补画向视图,并进行标注。

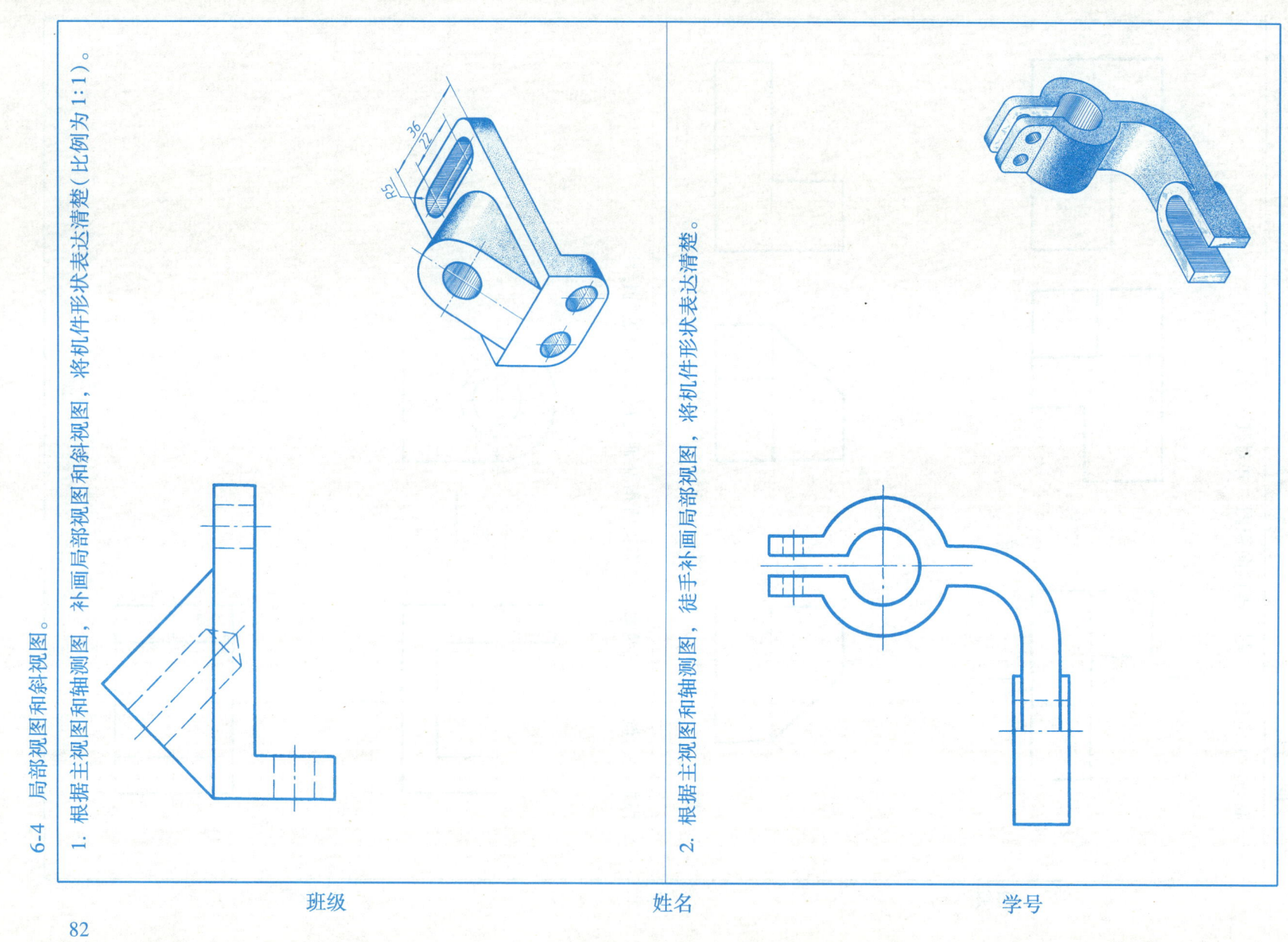

6-5 根据立体图和主视图，按箭头所指画局部视图和斜视图（按立体图上所注的尺寸，1∶1作图）。

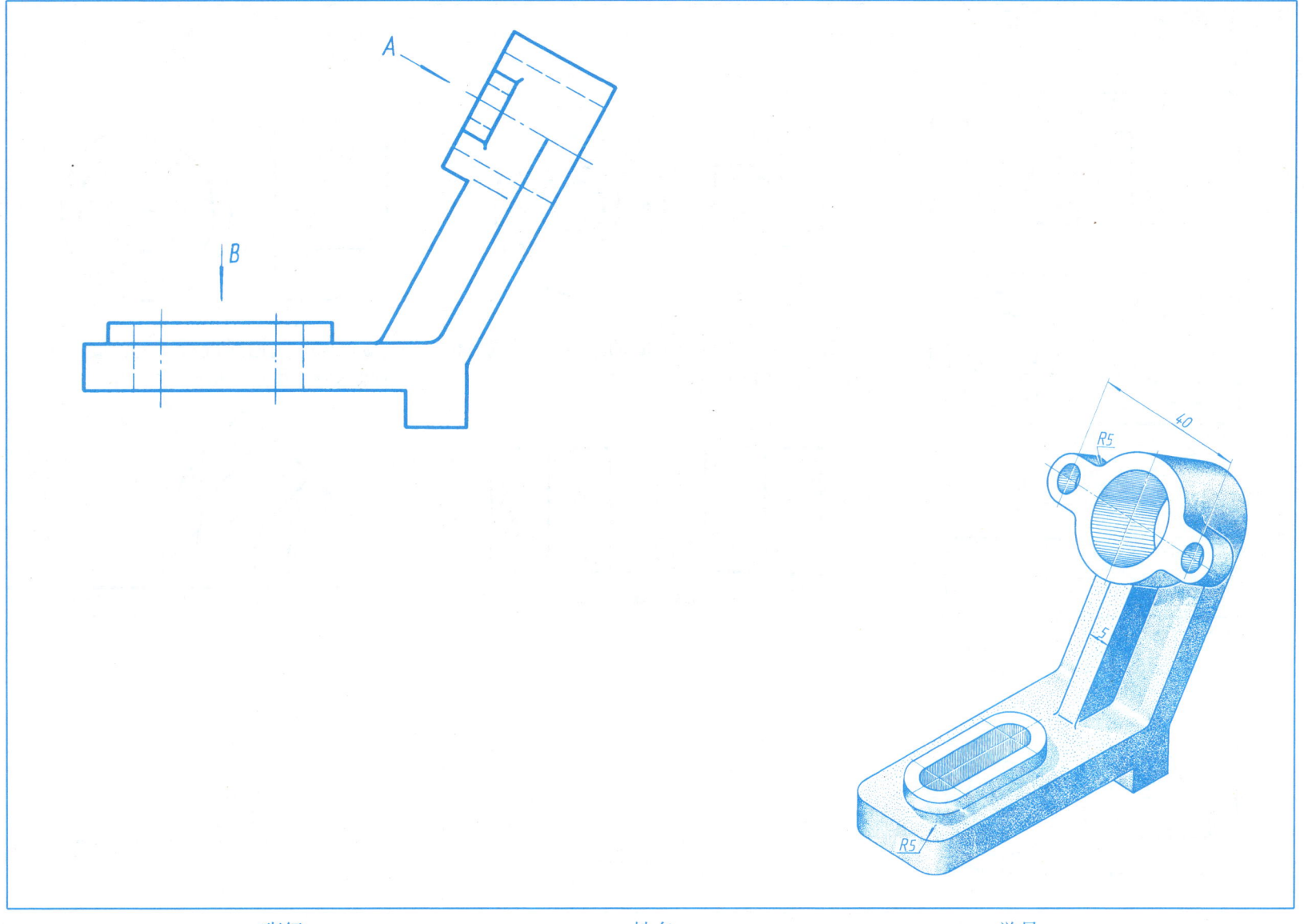

班级　　　　　　　　　姓名　　　　　　　　　学号

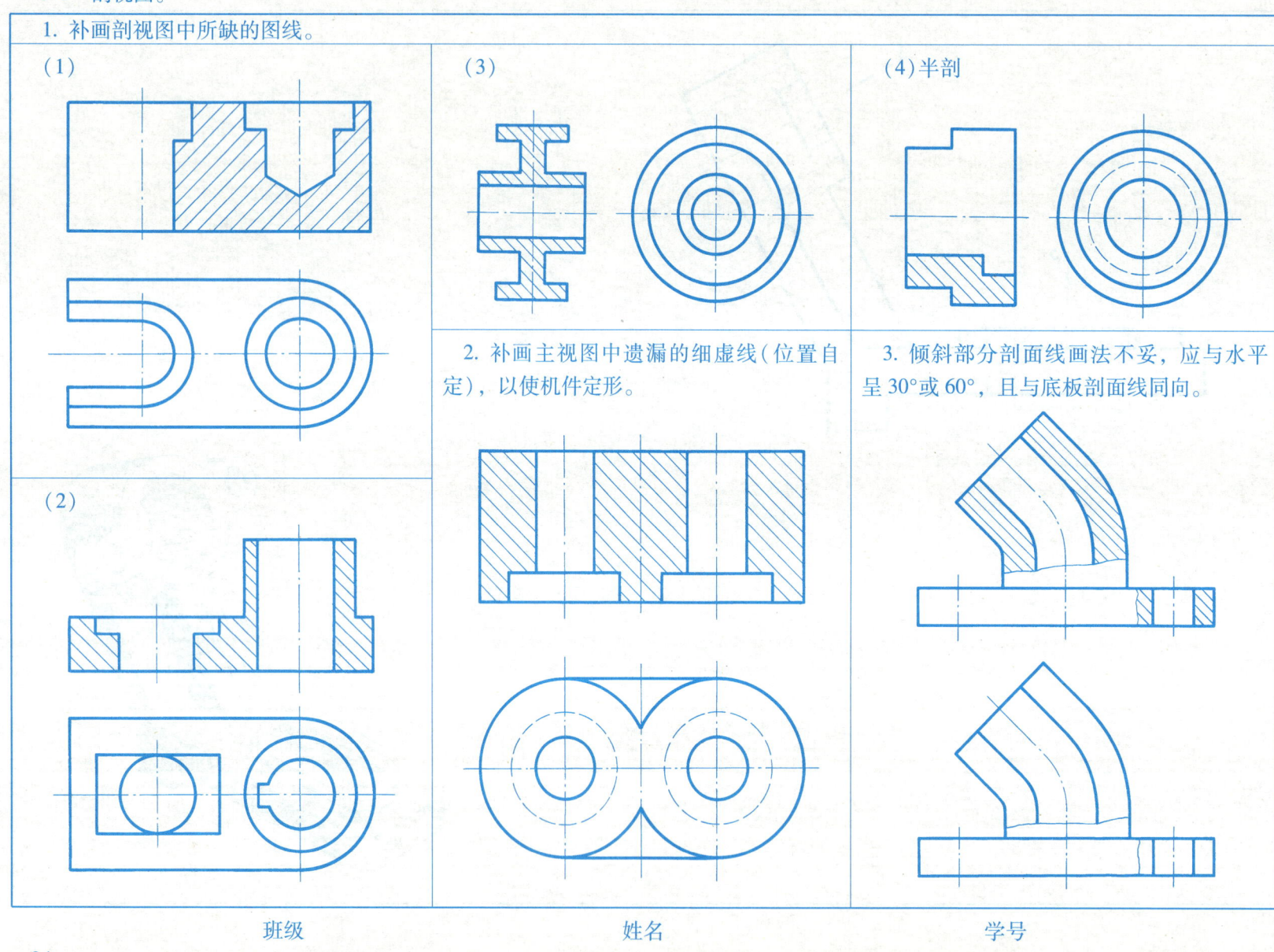

6-7 将主视图徒手改画成全剖视图。

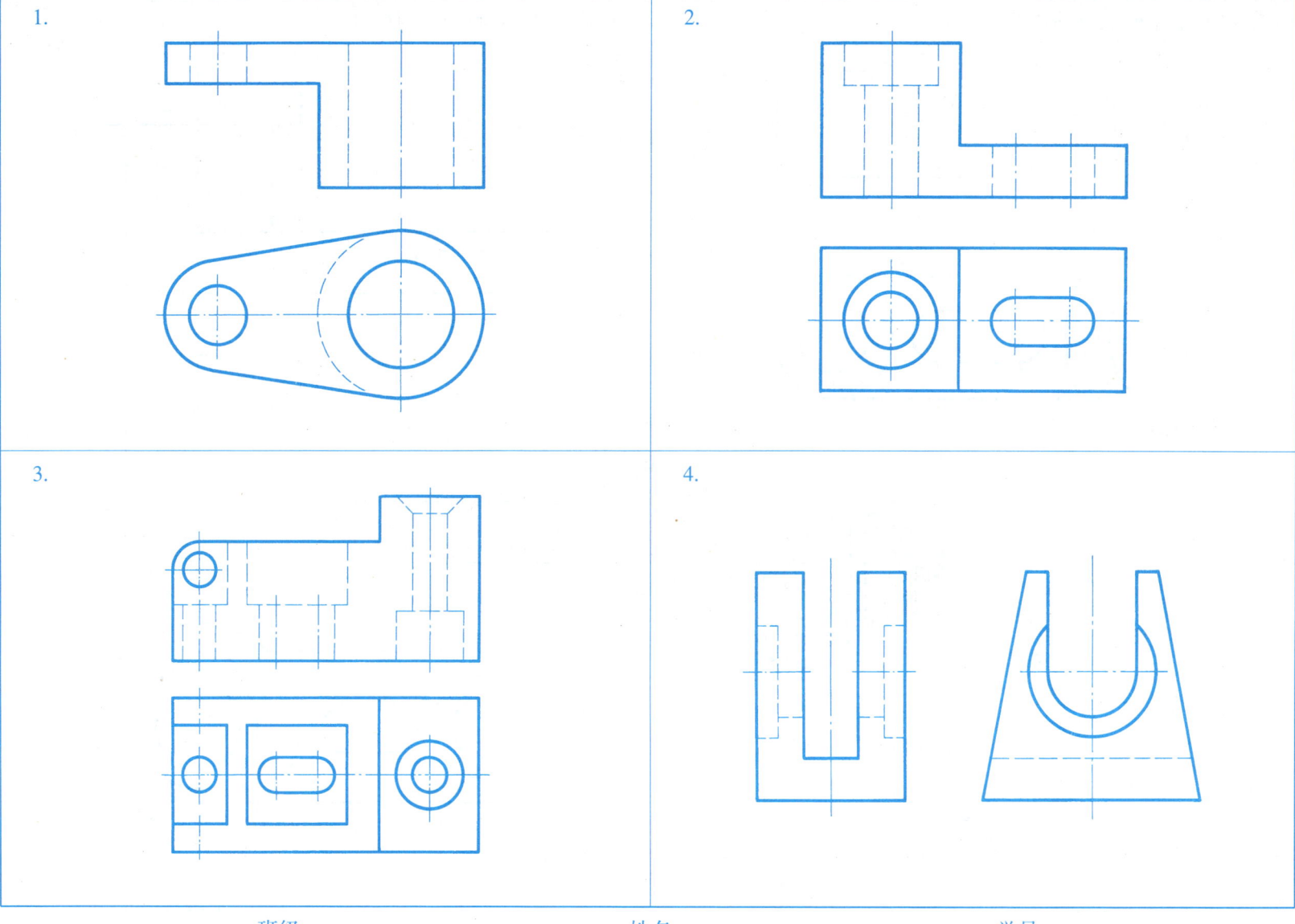

6-8 全剖视图。

1. 将主视图改画成全剖视图。
2. 将主视图改画成全剖视图。

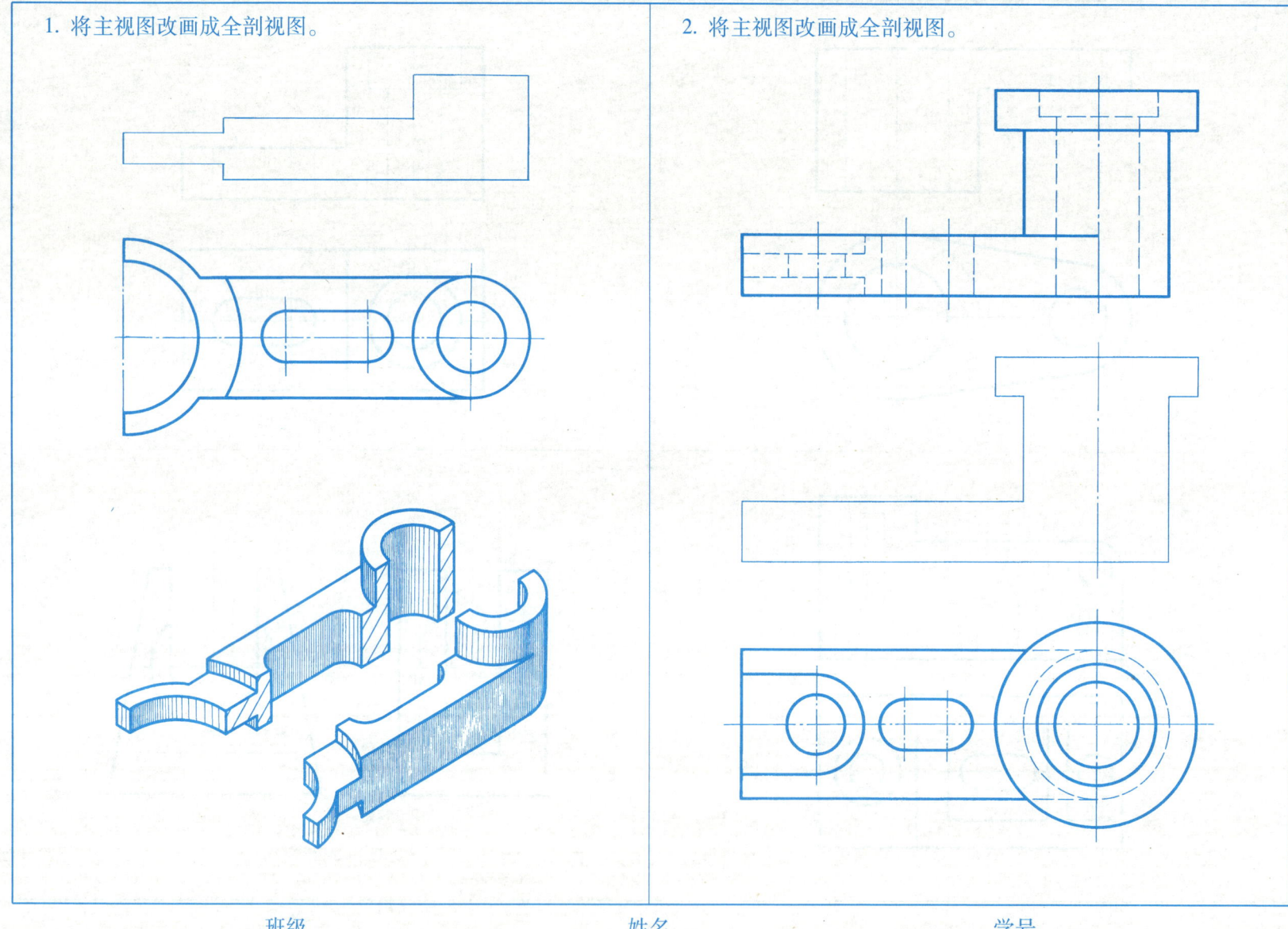

6-9 半剖视图。

1. 将主视图改画成半剖视图。

2. 徒手完成上边的半剖视图，再用仪器画出正规的半剖视图。

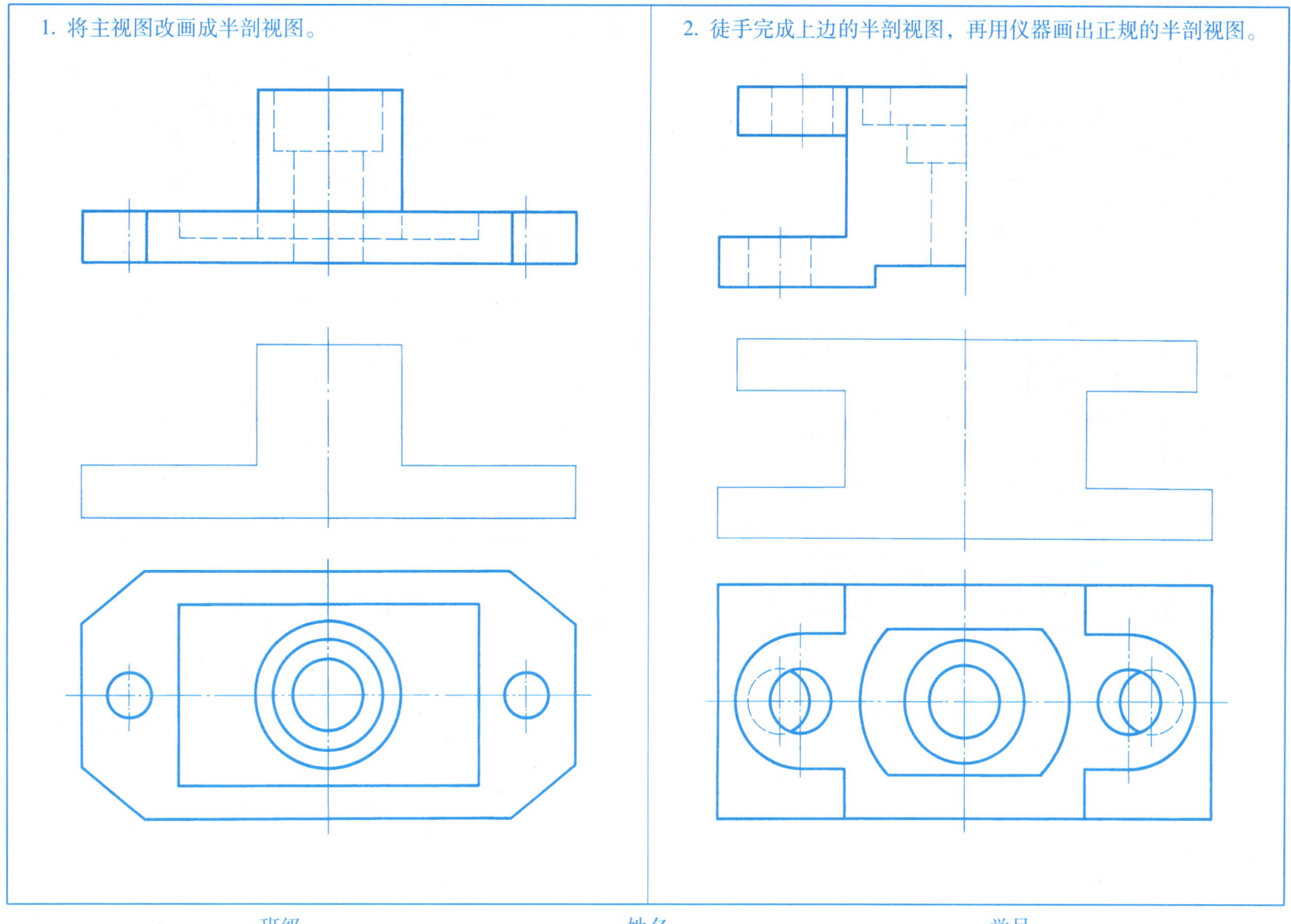

班级　　　　　　　　　　姓名　　　　　　　　　　学号

6-10 全剖视图、半剖视图。

1. 画 C—C 全剖视图。

2. 将主视图改画成半剖视图。

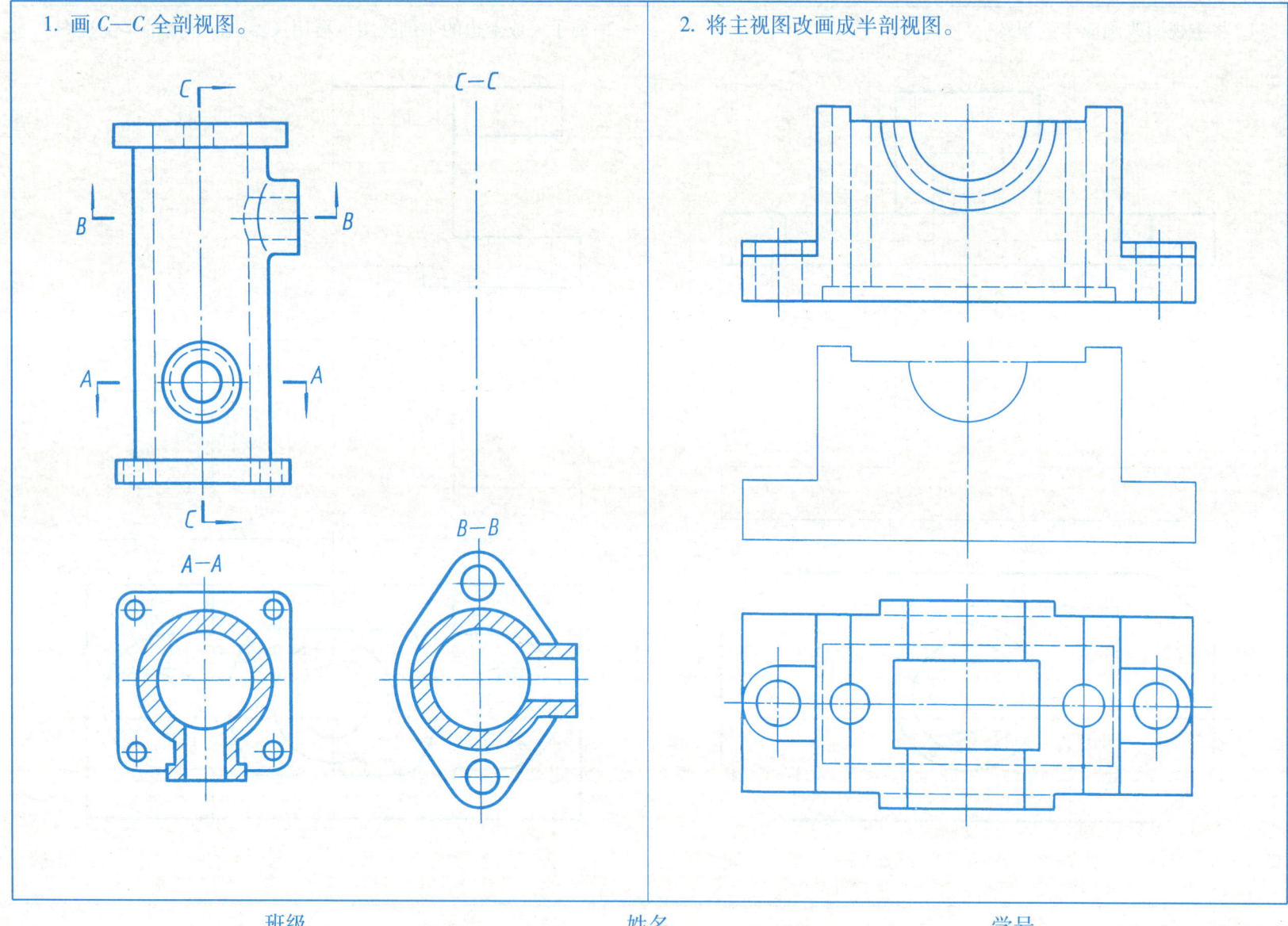

6-11 局部剖视图。

1. 分析剖视图中的错误，在右边作出正确的剖视图。

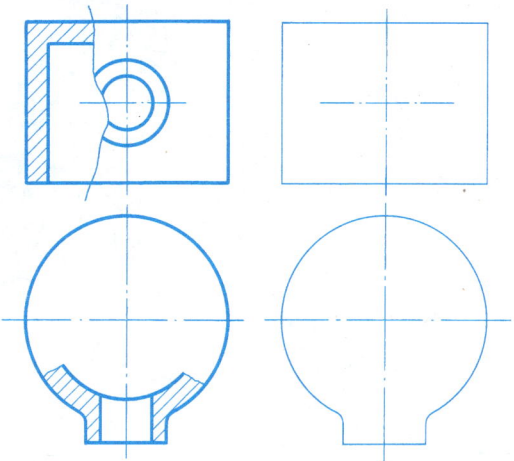

2. 将主视图画成局部剖视图。

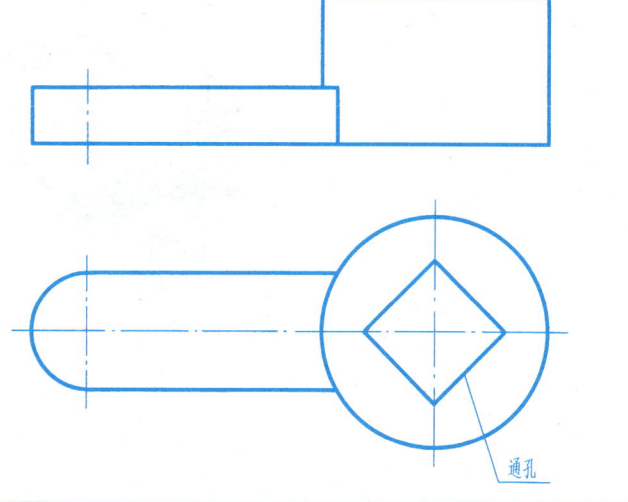

通孔

3. 在适当部位作局部剖视。

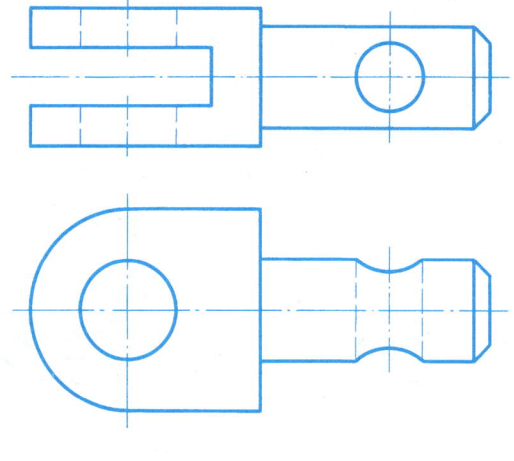

4. 在适当部位作局部剖视。

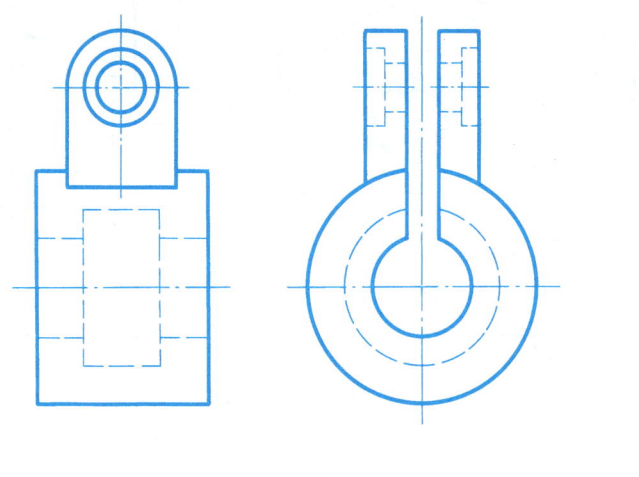

6-12 画全剖视图(用单一斜平面剖切)。

1.

2.

班级　　　　　　　姓名　　　　　　　学号

6-13 用几个平行的剖切平面剖切，将主视图改画成全剖视图，并按规定进行标注。

1.

2.

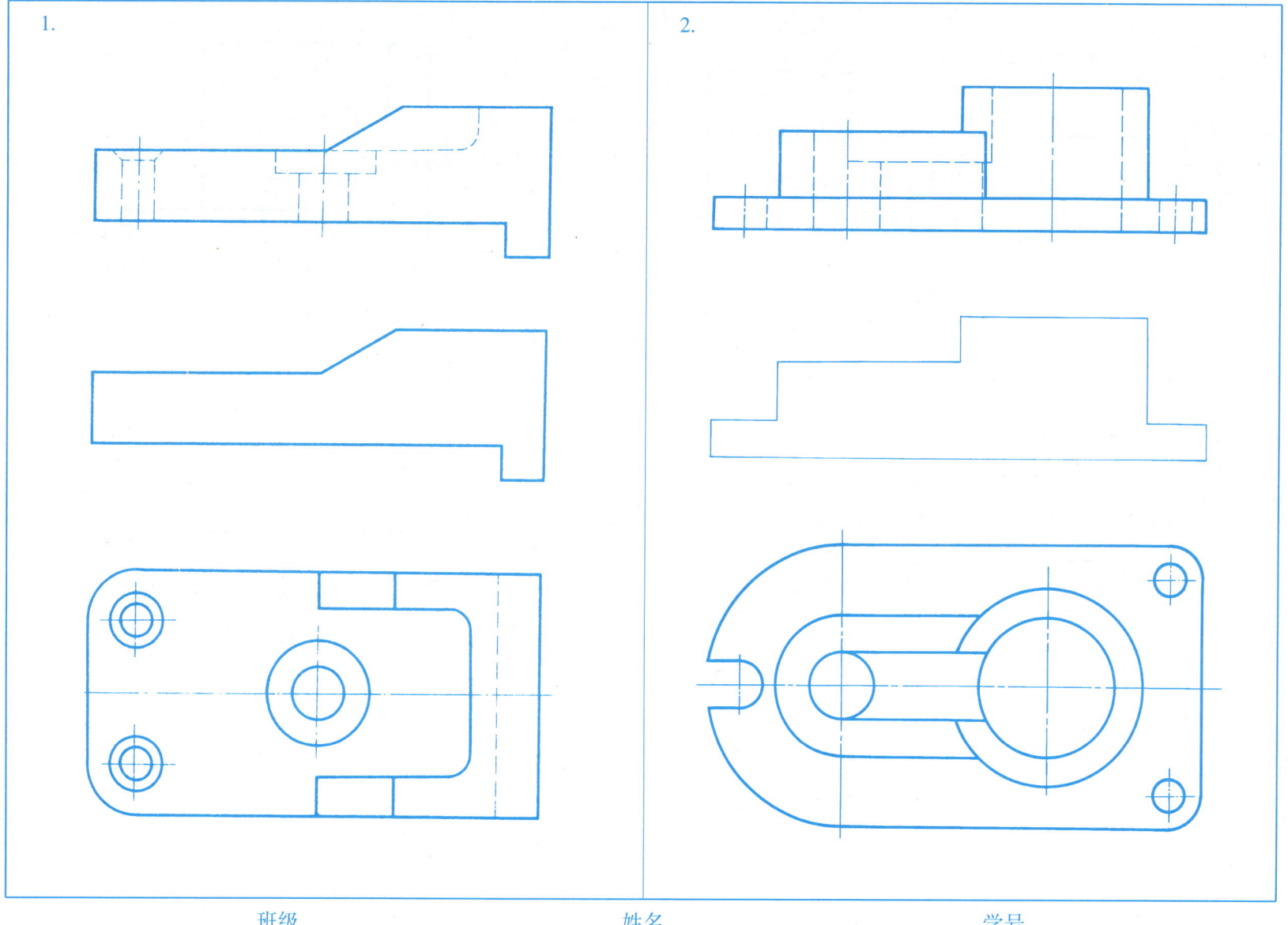

6-14 用几个平行或相交的剖切平面剖切，将主视图改画成全剖视图，并按规定进行标注。

1.

2.

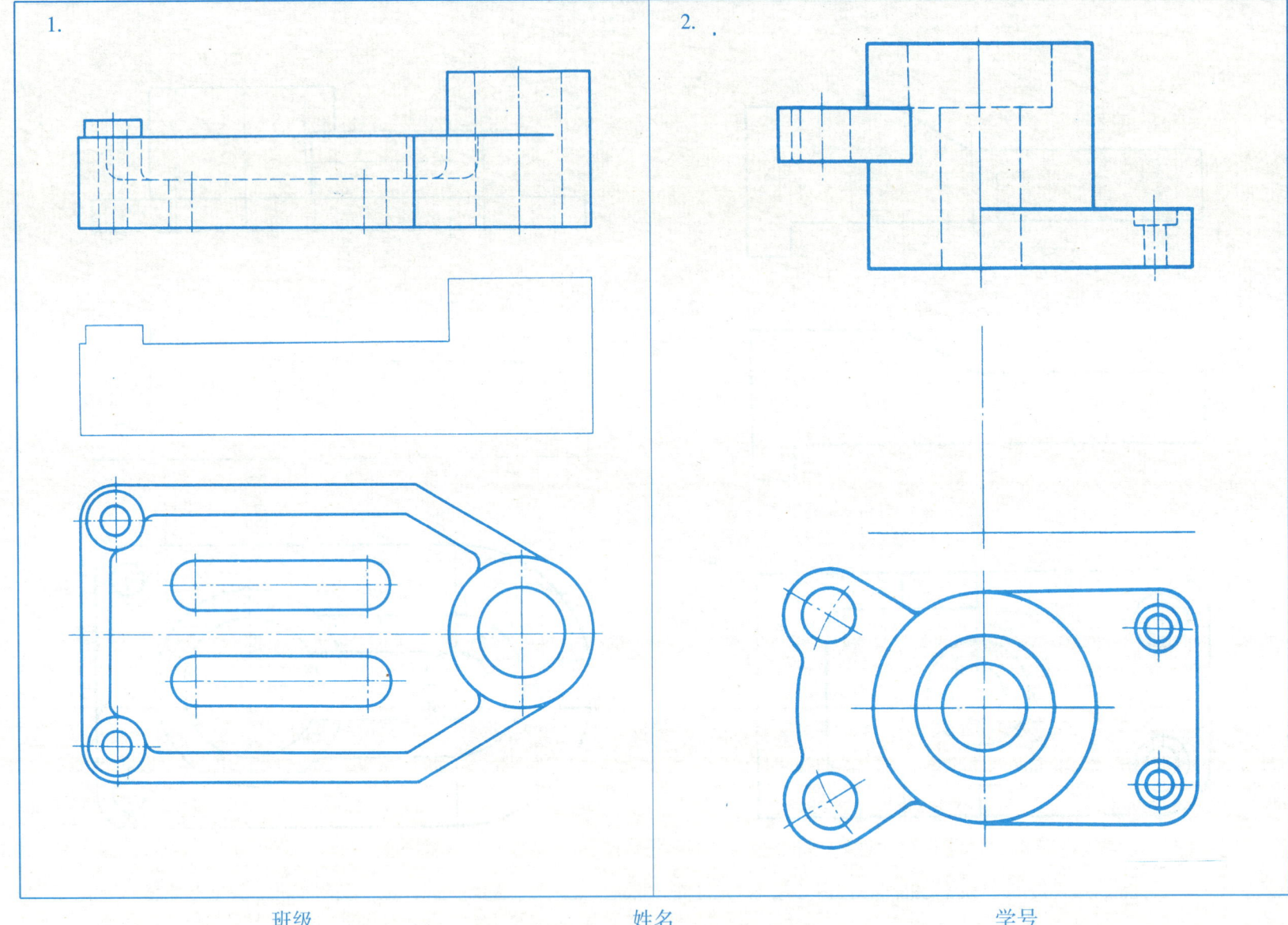

班级　　　　　　　　　　　姓名　　　　　　　　　　　学号

6-15 用几个相交的剖切面剖切，将主视图改画成全剖视图，并按规定进行标注。

1.
2.

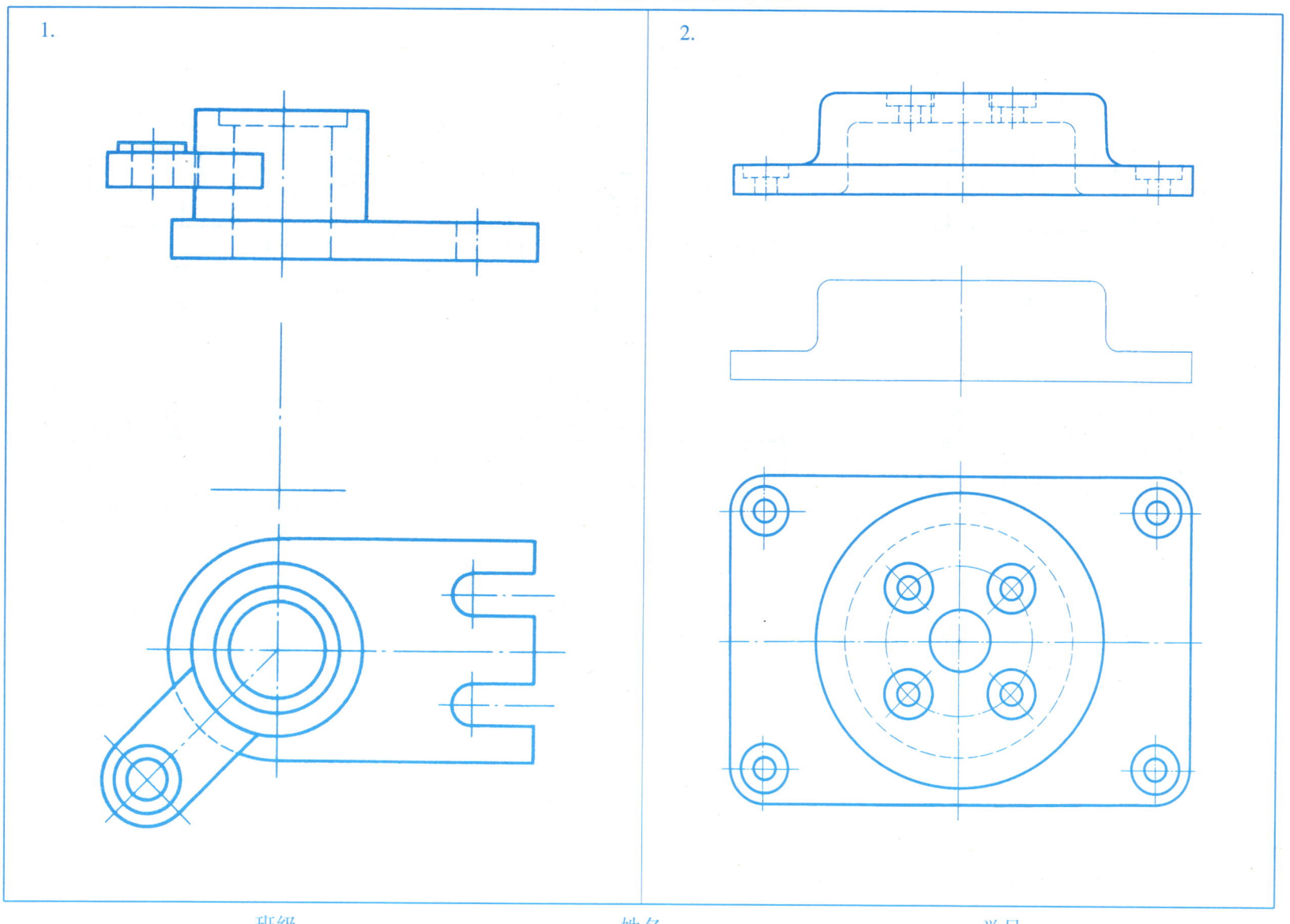

班级　　　　　　姓名　　　　　　学号

6-16 在视图下方的各断面图中选出正确的断面图形，并将其画上"√"号。

1.

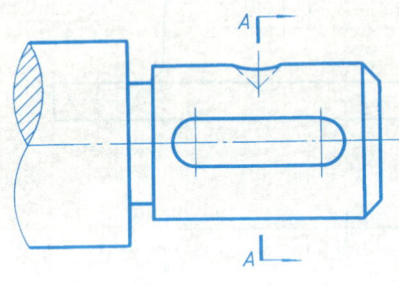

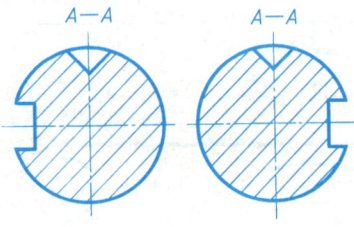

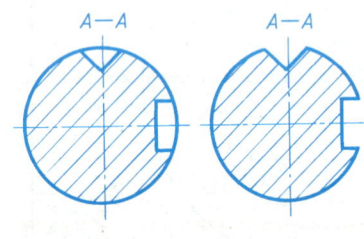

2.

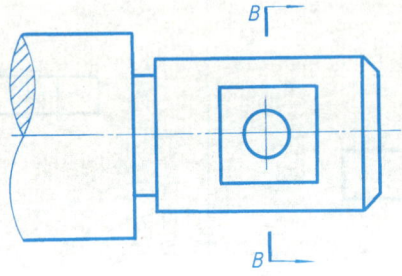

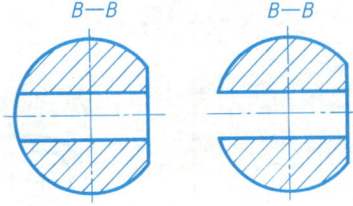

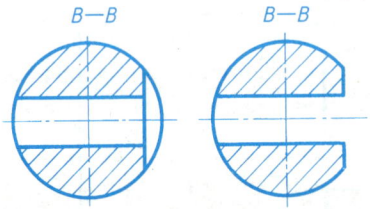

3.

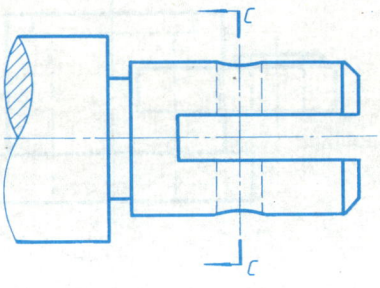

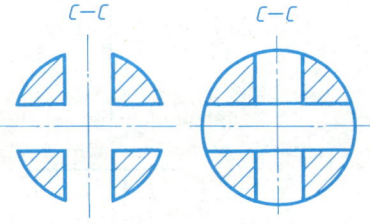

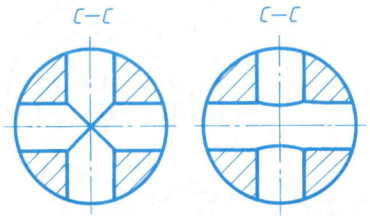

6-17 在指定位置画出移出断面图(左键槽深 4mm,右键槽深 3.5mm)。

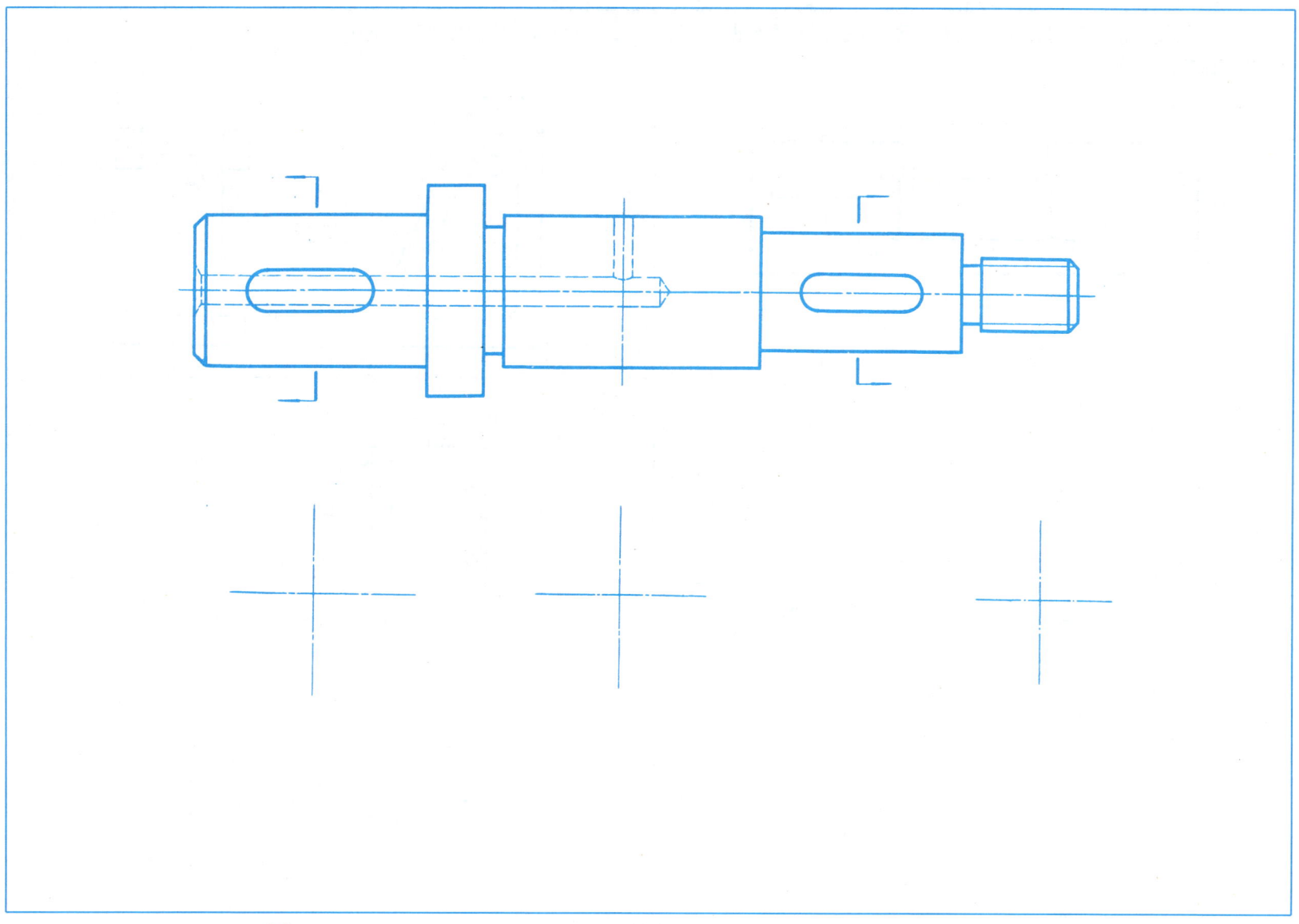

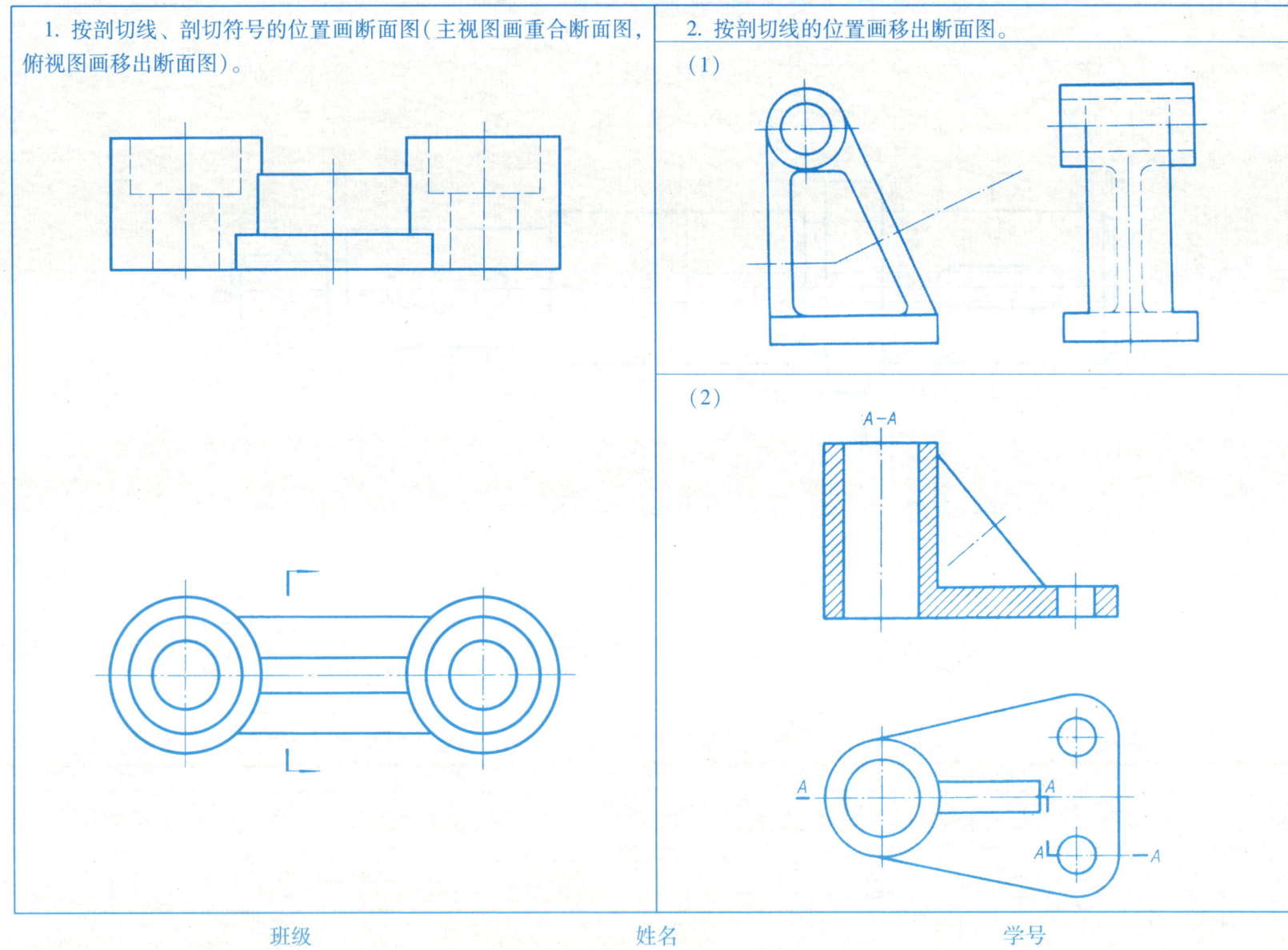

6-19 规定画法。

1. 完成半剖视的主视图(均为通孔)。

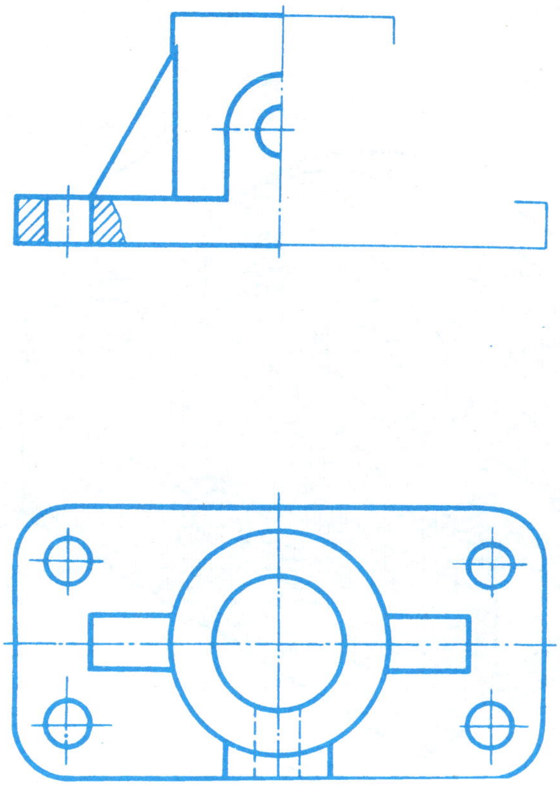

2. 将主视图改画成全剖视图。

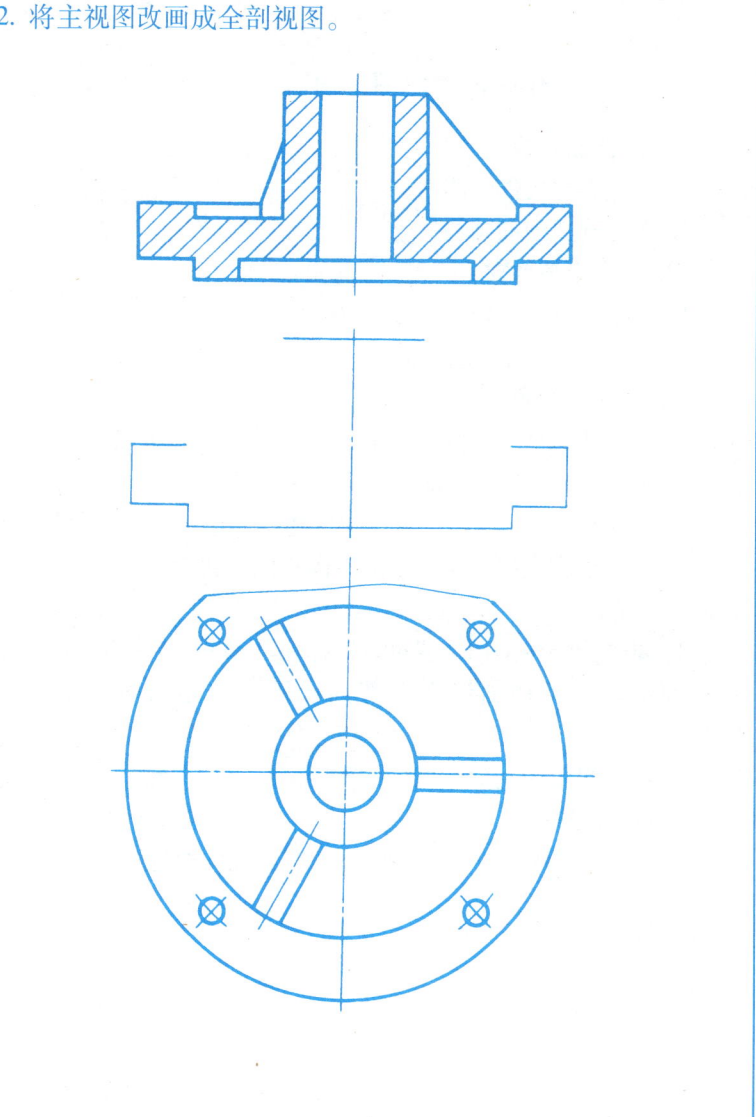

6-20 剖视图作业。

作业 5 剖 视 图

（一）作业目的
1. 训练表达机件的能力。
2. 掌握剖视图的画法。

（二）内容与要求
1. 根据轴测图（或模型）画剖视图。
2. 用 A3 或 A4 图纸，标注尺寸。

（三）注意事项
1. 在看清机件形状的基础上，考虑应选取哪些视图，再分析机件上哪些内部结构需要采用剖视，怎样剖切。可多考虑几种方案，再从中选优。
2. 剖视图应直接画出，不应先画视图，再将其改画成剖视图。
3. 要分清哪些剖切位置可以不标注，哪些剖切位置必须标注，要特别注意局部剖视图中波浪线的画法。
4. 各剖视图中剖面线的方向和间隔应保持一致。

（四）作业题
右图及下页的轴测图（看不清的圆、方孔均通透）。

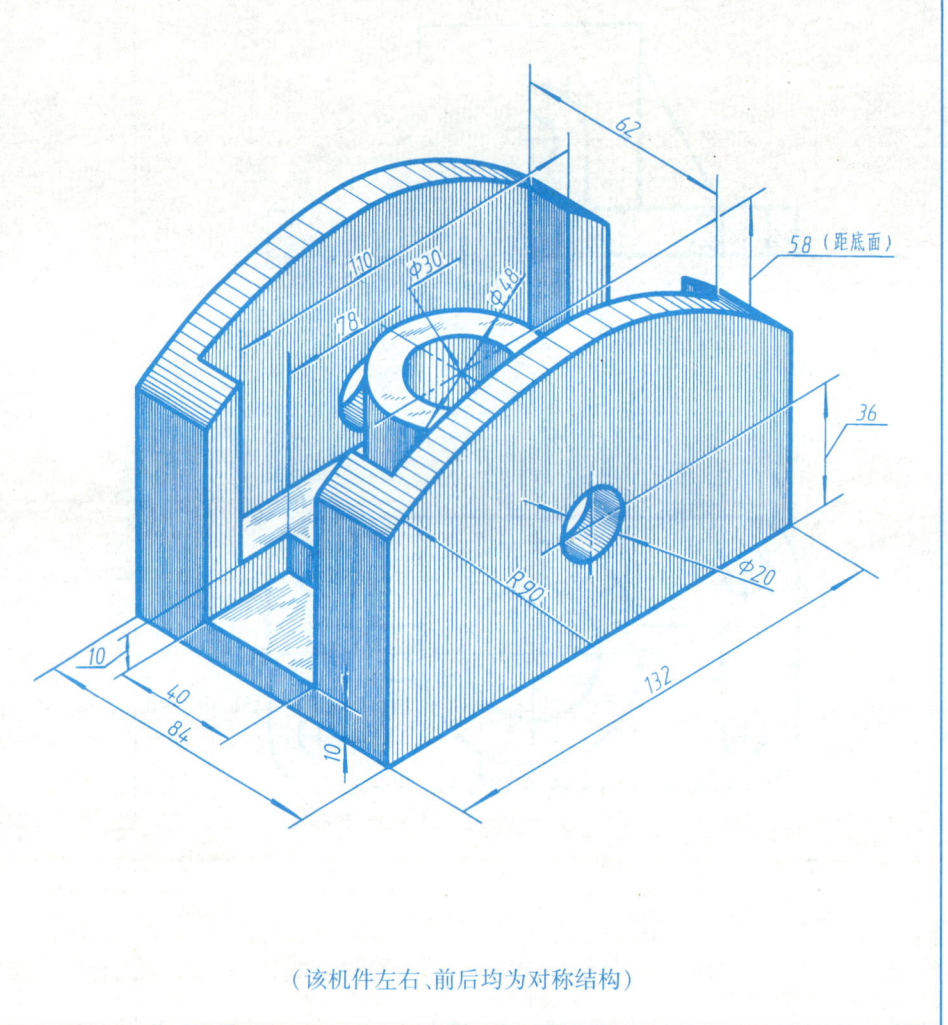

（该机件左右、前后均为对称结构）

班级　　　　姓名　　　　学号

6-21 根据轴测图画剖视图(作业题)。

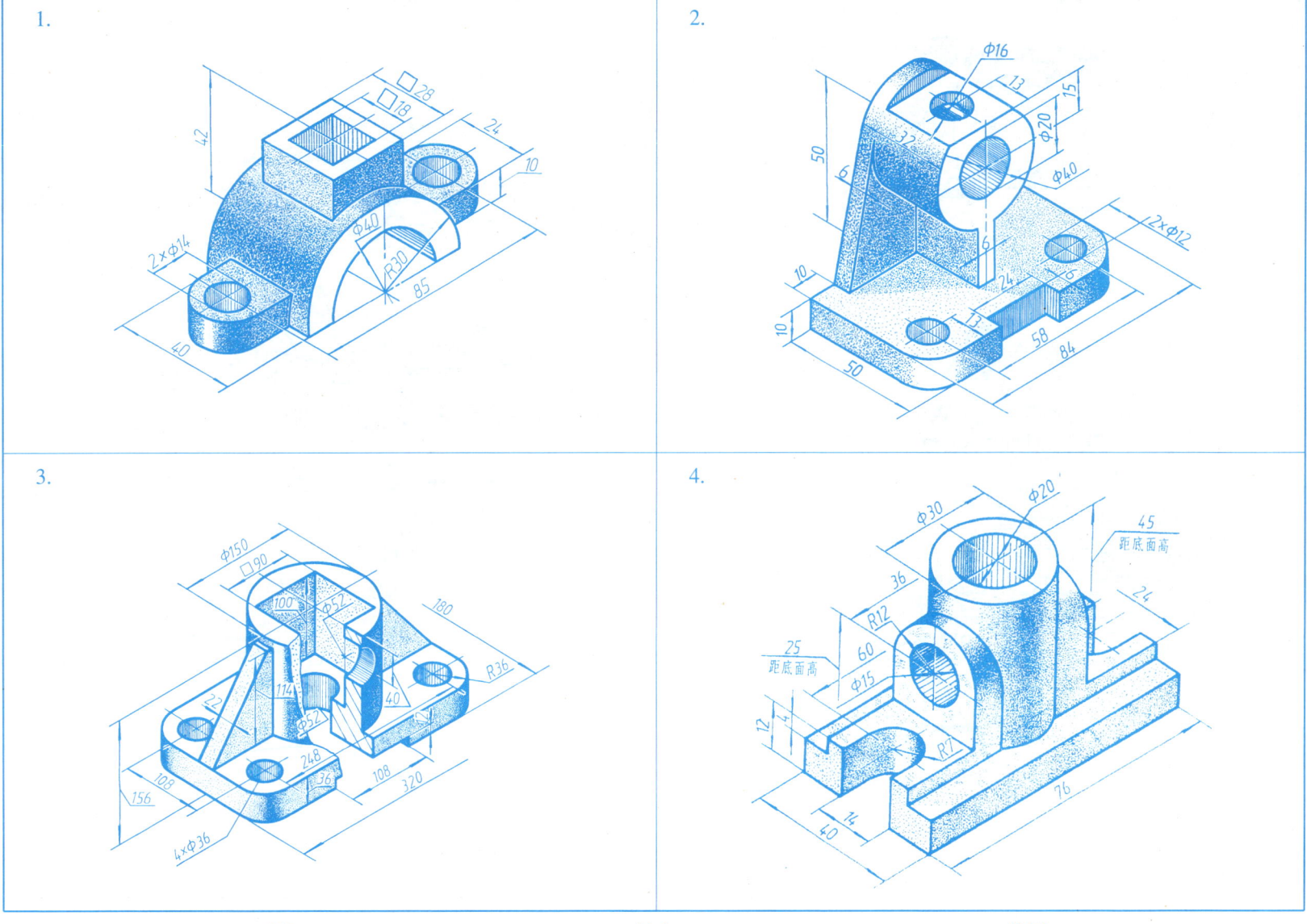

班级　　　　　　　姓名　　　　　　　学号

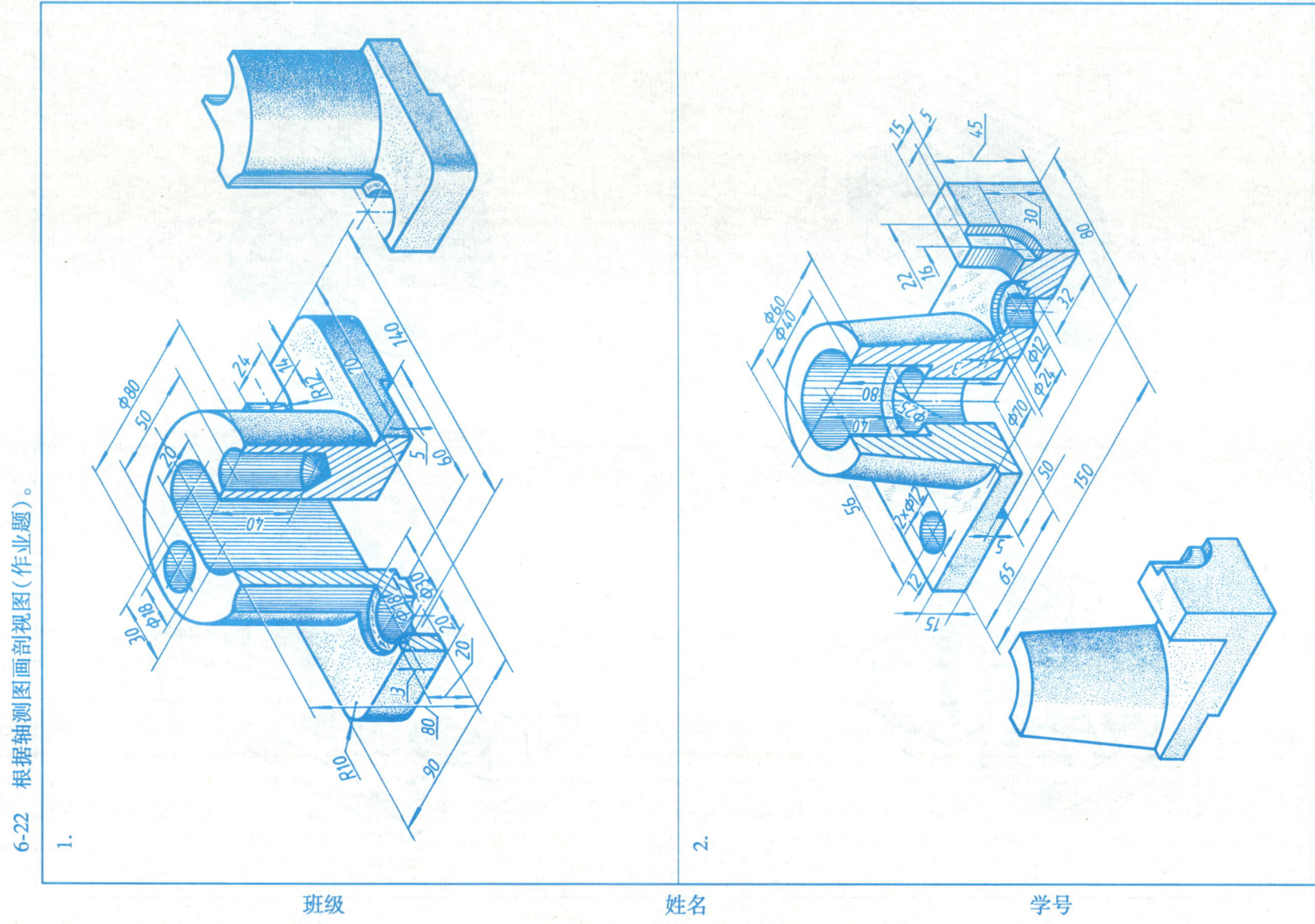

七、常用零件的特殊表示法 7-1 螺孔的加工过程及其钻孔的尖端结构——读一读。

1. 螺孔的加工过程及其内、外螺纹联接的画法。

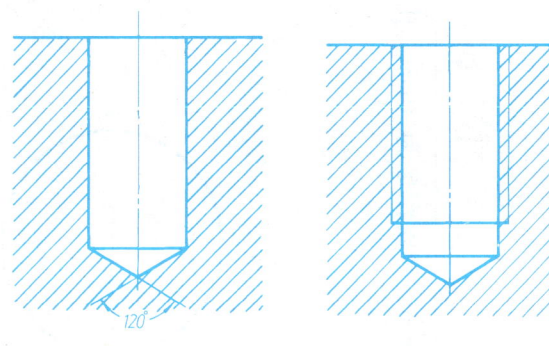

先钻光孔，顶角为120°　　再加工成螺孔

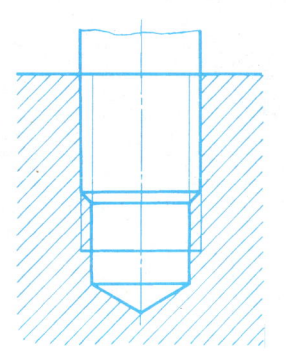

内、外螺纹联接画法：其旋合部分按外螺纹的画法绘制，其余部分的画法不变；表示外螺纹的牙顶和牙底线必须分别与内螺纹的牙底和牙顶线对齐。

2. 光孔底部120°角的形成及其尺寸注法。

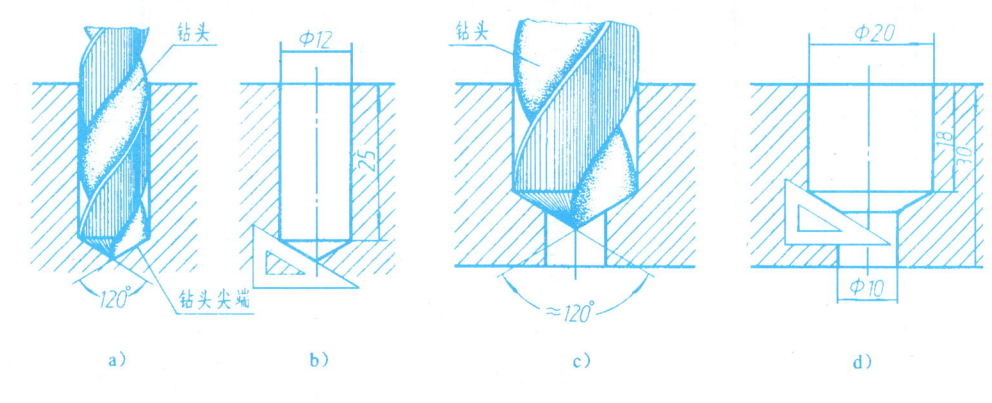

a)　　b)　　c)　　d)

由于钻头的尖角接近120°，用它钻出的不通孔，底部便有个顶角接近120°的圆锥面，在图中，因钻尖而成的圆锥孔，顶角要画成120°，但不必注尺寸，如图 b 所示。钻孔深度不包括圆锥部分。

两级钻孔的过渡处也存在120°的部分钻尖角，如图 d 所示，作图时要注意画出。

班级　　　　　姓名　　　　　学号

7-2 根据给定的尺寸，按要求完成螺纹画法的两视图。

1. 外螺纹，螺纹规格 d = M20，螺纹长度为 30mm。

2. 螺纹通孔，螺纹规格 D = M16，两端孔口倒角 C1.5。

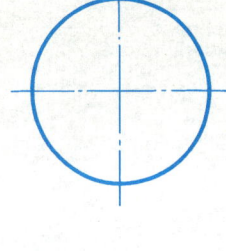
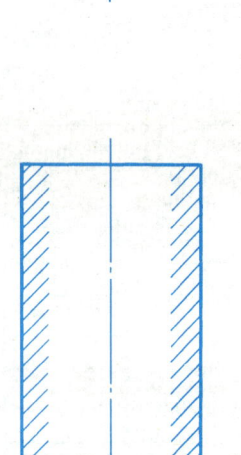

3. 螺纹不通孔，螺纹规格 D = M16，钻孔深度为 35mm，螺纹深度为 30mm，孔口倒角 C1.5。

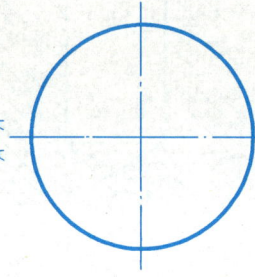
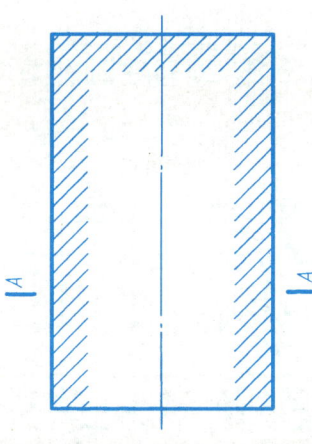

班级　　姓名　　学号

7-3 找出下列螺孔与螺纹联接画法中的错误,将正确的图形画在空白处。

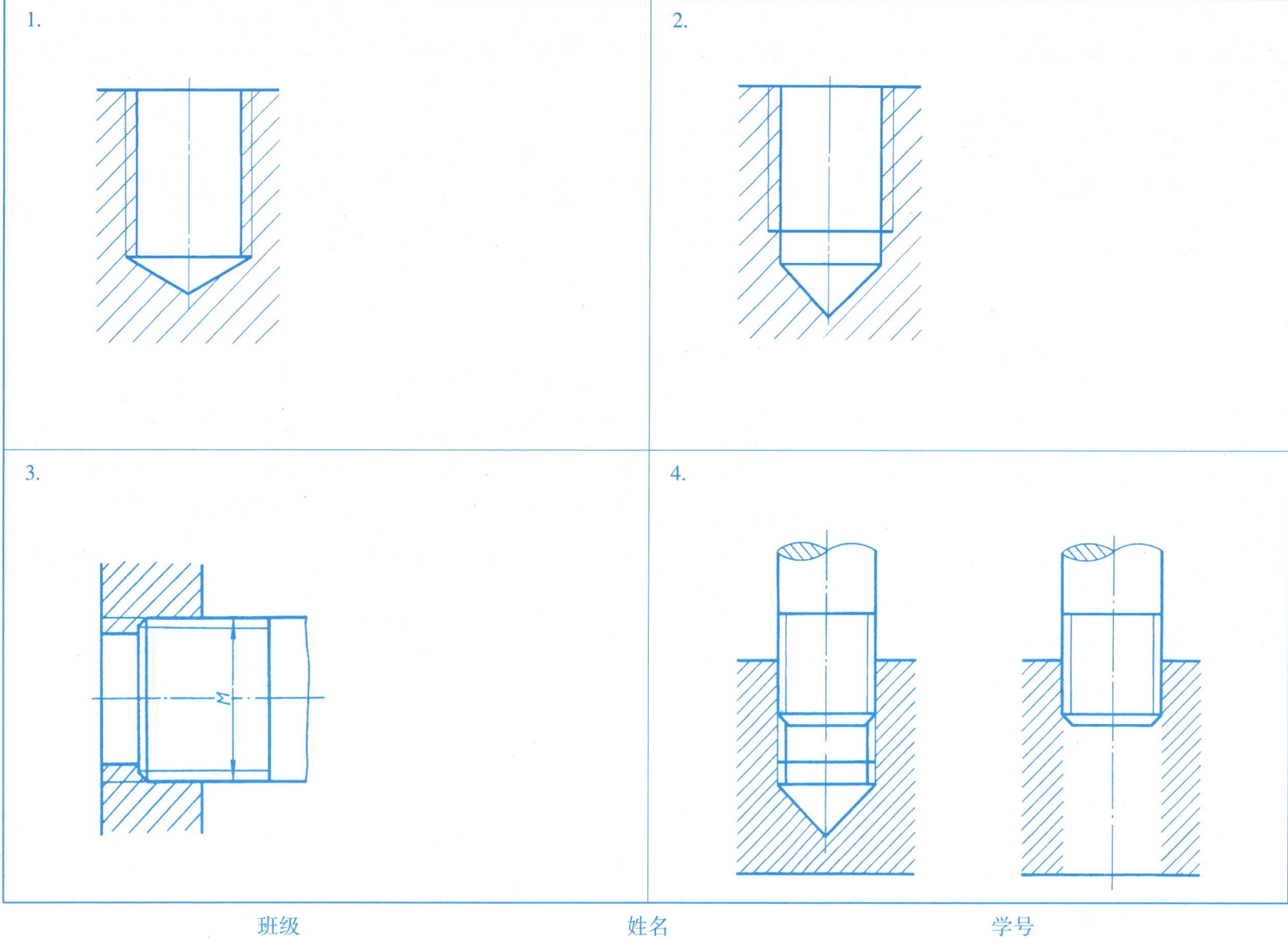

7-4 根据给定的螺纹要素，按规定进行标注。

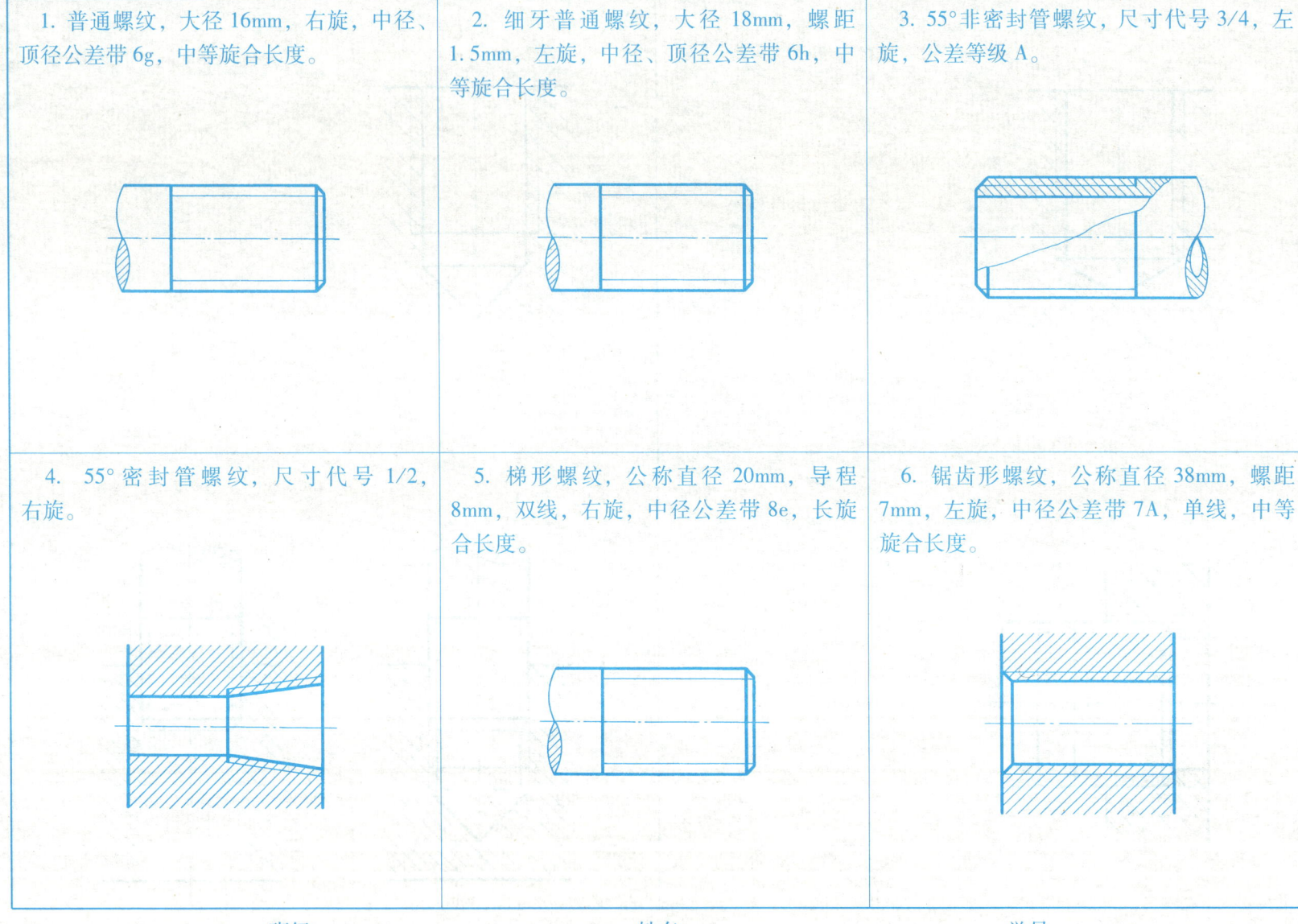

1. 普通螺纹，大径16mm，右旋，中径、顶径公差带6g，中等旋合长度。

2. 细牙普通螺纹，大径18mm，螺距1.5mm，左旋，中径、顶径公差带6h，中等旋合长度。

3. 55°非密封管螺纹，尺寸代号3/4，左旋，公差等级A。

4. 55°密封管螺纹，尺寸代号1/2，右旋。

5. 梯形螺纹，公称直径20mm，导程8mm，双线，右旋，中径公差带8e，长旋合长度。

6. 锯齿形螺纹，公称直径38mm，螺距7mm，左旋，中径公差带7A，单线，中等旋合长度。

7-5 查表确定下列各联接件的尺寸，并写出规定标记。

1. 六角头螺栓—C 级。

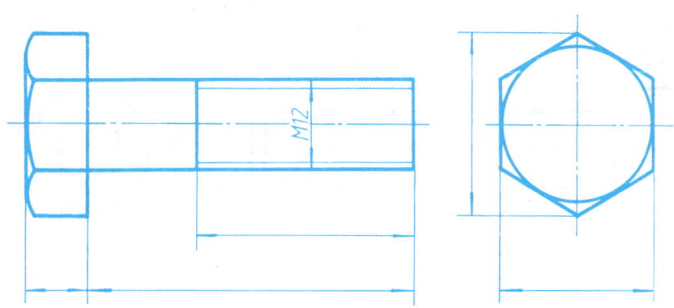

规定标记：_____

2. 1 型六角螺母—A 级。

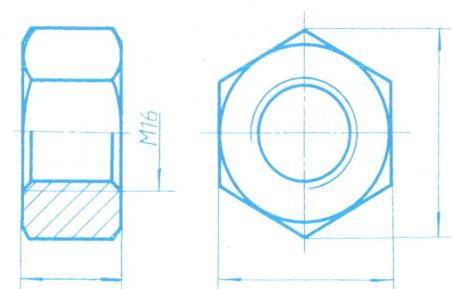

规定标记：_____

3. 双头螺柱（B 型，$b_m = 1.25d$）。

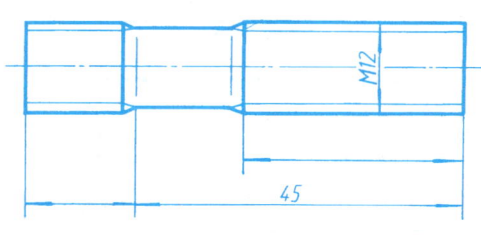

规定标记：_____

4. 平垫圈：倒角型—A 级。

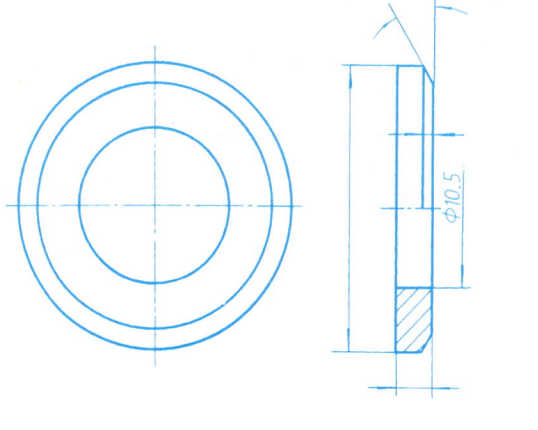

规定标记：_____

7-6 查表确定下列各联接件的尺寸，并写出规定标记。

1. 开槽沉头螺钉。

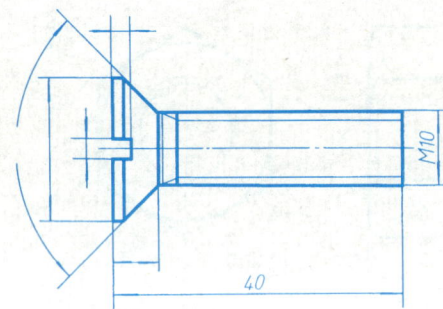

规定标记：_____

2. 内六角圆柱头螺钉（光滑头部）。

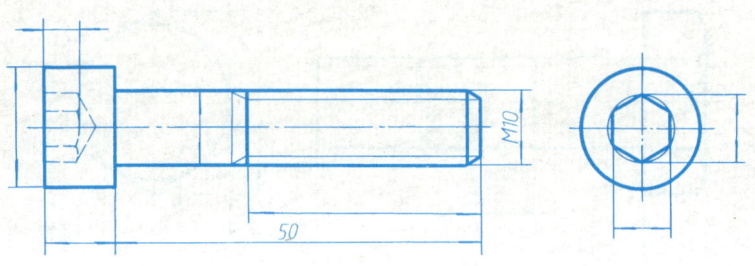

规定标记：_____

3. 不淬硬圆柱销（公称直径为 8mm，长度为 40mm，$d_{公差}$ 为 h8）。

规定标记：_____

4. 圆锥销（A 型，公称直径为 8mm，长度为 40mm）。

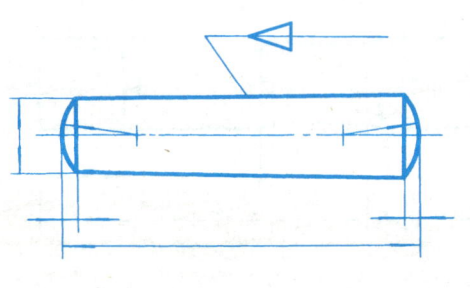

规定标记：_____

7-7 螺栓联接与螺钉联接(双头螺柱联接画法在111页)。

1. 补全螺栓联接三视图中所缺的图线。

2. 分析螺钉联接两视图中的错误,将正确的图形画在右边。

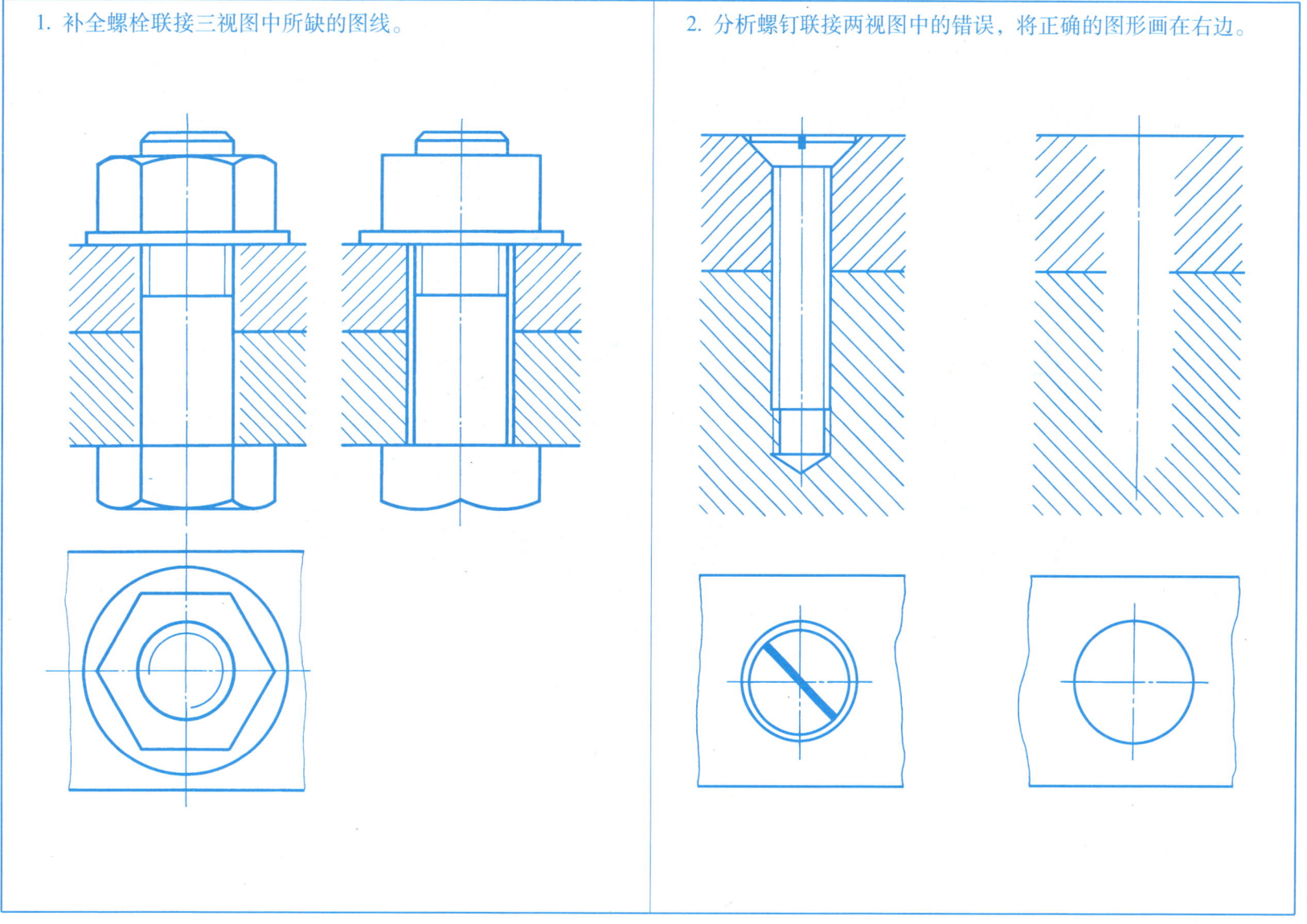

班级　　　　　　　　姓名　　　　　　　　学号

7-8 已知直齿圆柱齿轮 $m=5$mm、$z=40$,轮齿端部倒角 $C2.5$,完成齿轮工作图(1∶2),并注出齿顶圆和分度圆的直径尺寸。

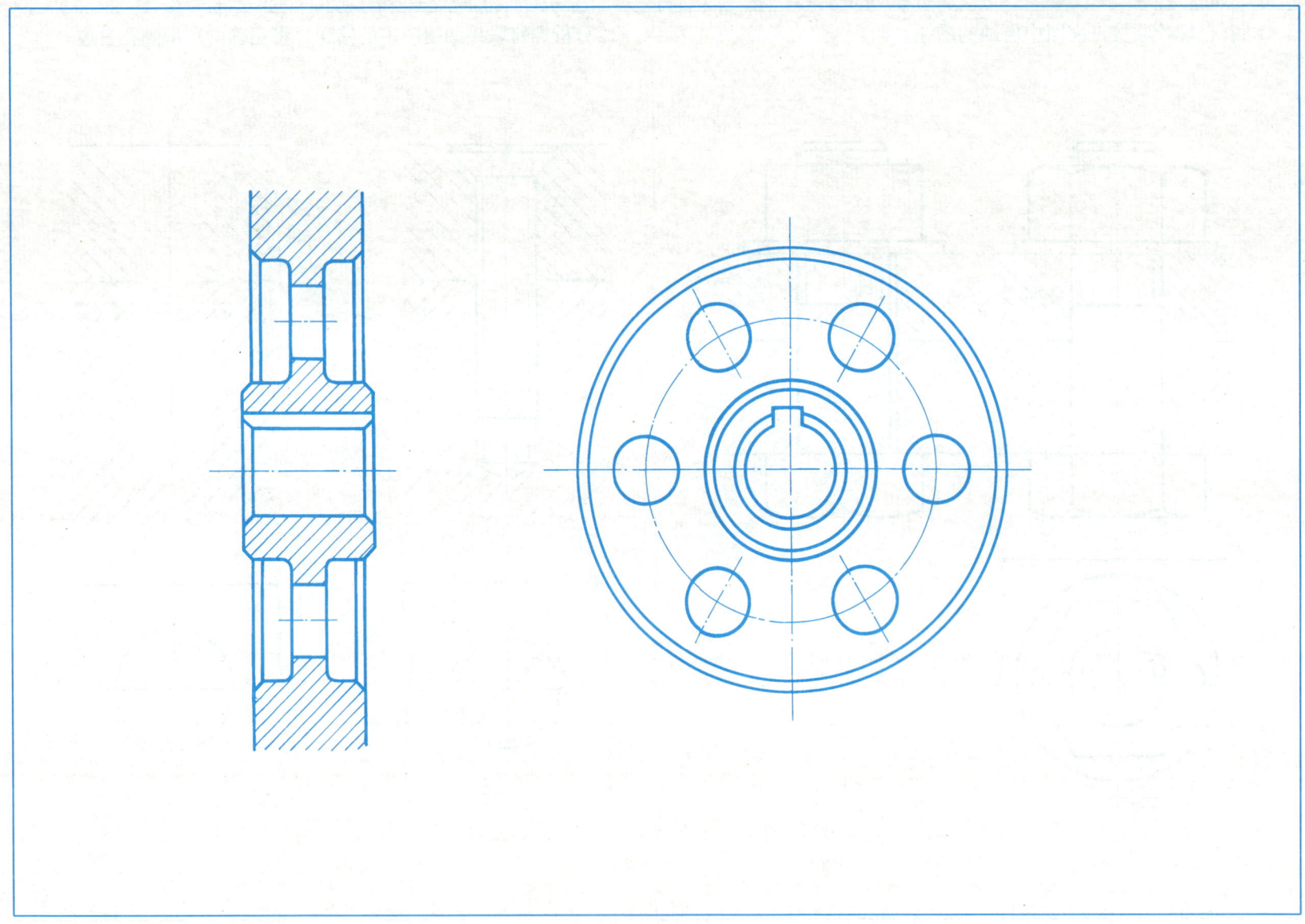

7-9 已知大齿轮 $m=4$mm、$z_2=40$，两轮中心距 $a=120$mm，试计算大、小齿轮的基本尺寸(填入表中)，并用 1：2 的比例完成啮合图。

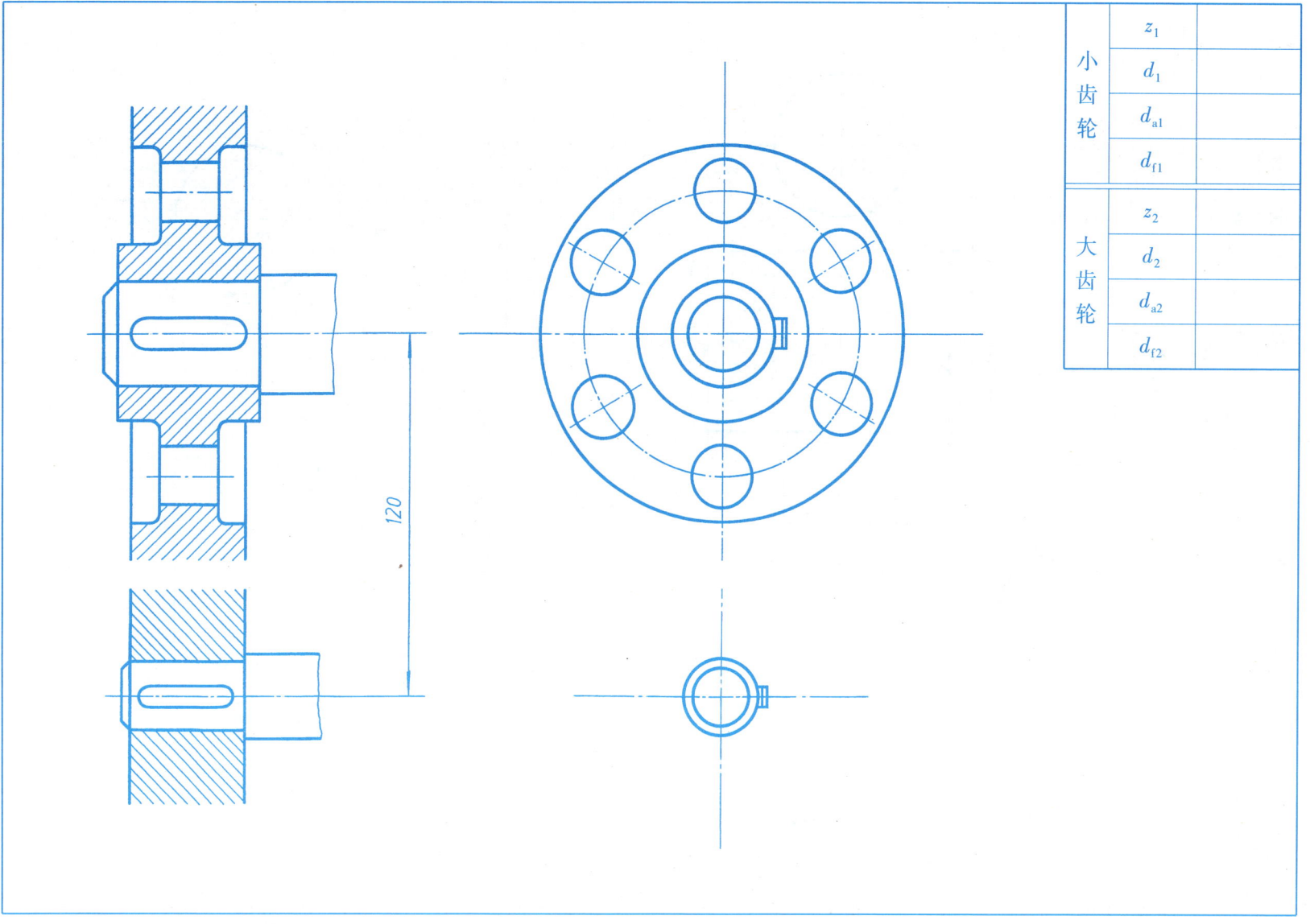

小齿轮	z_1	
	d_1	
	d_{a1}	
	d_{f1}	
大齿轮	z_2	
	d_2	
	d_{a2}	
	d_{f2}	

班级　　　　姓名　　　　学号

7-10 键及键联接。

已知轴和齿轮，用 A 型普通平键联接。轴、孔直径为 25mm，键长为 25mm，孔及键槽尺寸。

1. 按 1 : 1 的比例完成轴和齿轮的图形，并查附表标注轴、孔及键槽尺寸。

(1) 轴

(2) 齿轮

2. 写出键的规定标记。
   规定标记：

3. 用键将轴和齿轮联接起来，试完成其联接图。

班级　　　姓名　　　学号

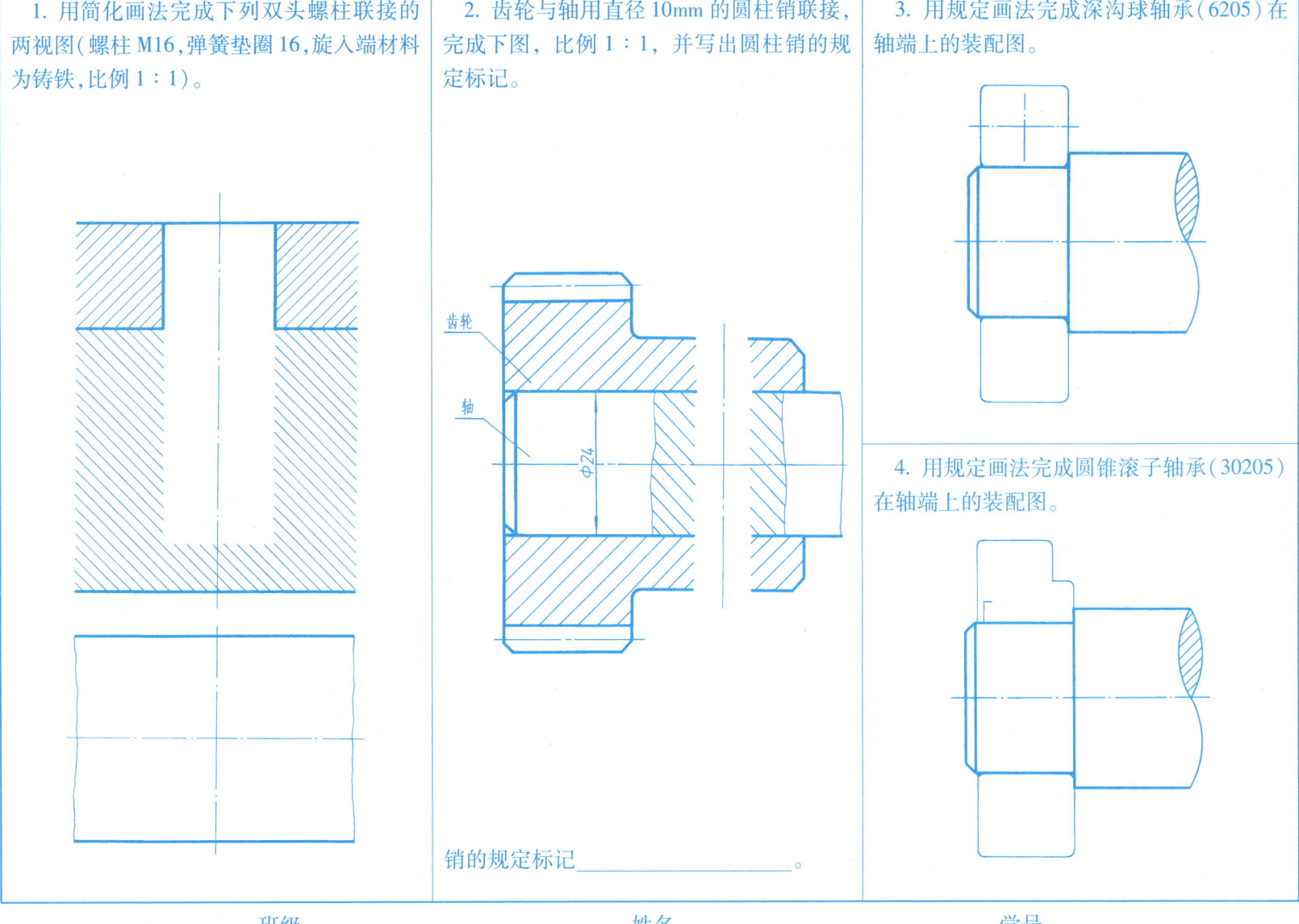

八、零件图 8-1 根据轴测图画零件图，并标注尺寸，比例为 1∶2。

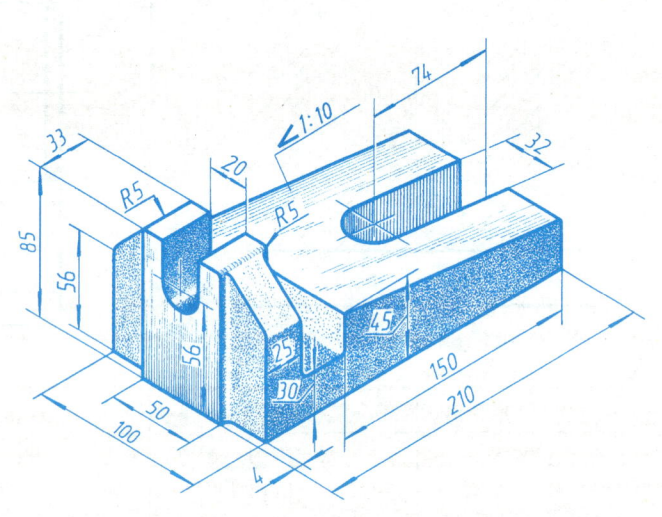

名称：底座
材料：HT200

班级　　　　　　姓名　　　　　　学号

8-2 看懂一对轴承座、盖的零件图，并补画所缺的尺寸（注意相关尺寸的一致性）。

8-3 按要求标注零件的表面粗糙度代号。

1. 将下图的各个表面均标注同一粗糙度代号（Ra 的上限值为 1.6μm，不可采用简化注法）。

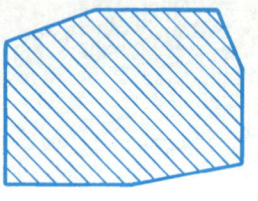

2. 圆柱、圆孔表面及螺纹工作表面的 Ra 值均为 6.3μm，其余表面为 12.5μm，用简化注法标注。

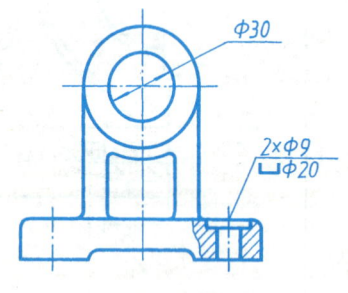

3. 下图成封闭轮廓各表面的 Ra 值均为 3.2μm，试用代号将其标注在图上。如果零件全部表面的 Ra 值均为 6.3μm，试用简化注法将其代号注写在图下方的指定位置。

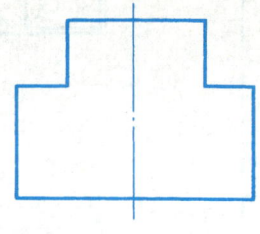

简化注法：

4. 表面结构要求的 Ra 值：φ30 孔为 3.2μm，φ9 孔为 25μm，底面为 12.5μm，其余为铸造表面。

5. 按要求对给出表面注写粗糙度代号。

（1）去除材料，单项上限值，Ra 为 6.3μm，"16%规则"（默认）。

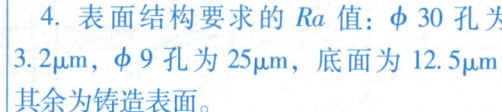

（2）去除材料，单项上限值，粗糙度最大高度的最大值为 0.8μm，"最大规则"。

（3）不允许去除材料，双向极限值。上限值：Ra 为 6.3μm，"最大规则"；下限值：Ra 为 1.6μm，"16%规则"（默认）。

8-4 表面粗糙度(参数 Ra 的数值均为上限值、单位 μm,下同)。

1. 按要求标注零件表面的粗糙度代号。

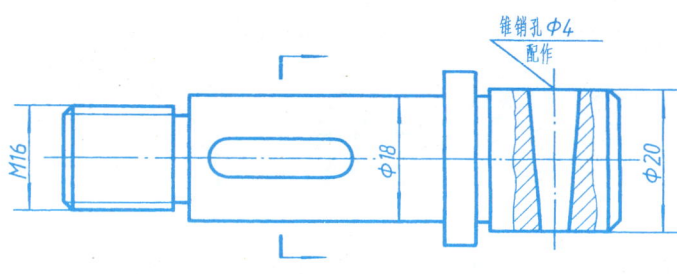

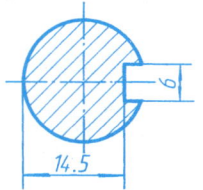

(1) $\phi20$、$\phi18$ 圆柱面 Ra 为 1.6。
(2) M16 螺纹工作表面 Ra 为 3.2。
(3) 锥销孔内表面 Ra 为 3.2。
(4) 键槽两侧面 Ra 为 3.2;
    键槽底面 Ra 为 6.3。
(5) 其余表面 Ra 为 12.5。

2. 按要求标注零件表面的粗糙度代号。

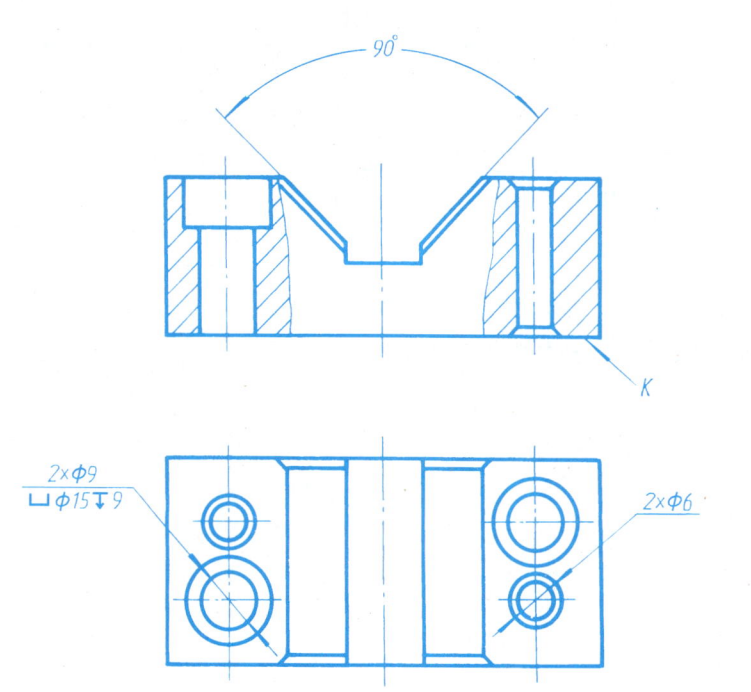

(1) 90°V 形槽两工作面的 Ra 值为 0.8。
(2) 底面 K 的 Ra 值为 1.6。
(3) 两个 $\phi6$ 销孔,Ra 值为 3.2。
(4) 两组 $\phi9$ 及沉孔各表面的 Ra 值为 25。
(5) 其余表面的 Ra 值为 12.5。

班级　　　　姓名　　　　学号

8-5 极限与配合基本知识练习(一)。

1. 根据下图中的标注,填写右表(只填其数值)。

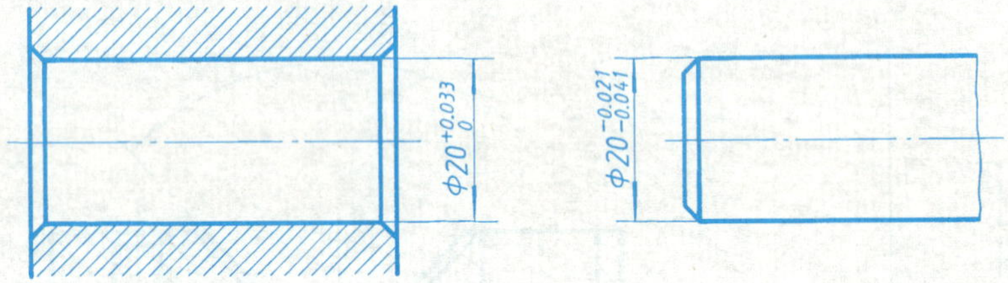

孔: $\phi 20^{+0.033}_{0}$ 轴: $\phi 20^{-0.021}_{-0.041}$

名　称 \ 孔或轴	孔	轴
公称尺寸		
上极限尺寸		
下极限尺寸		
上极限偏差		
下极限偏差		
公　差		

2. 根据孔、轴极限偏差,直接判定其配合类别;画出公差带图(孔画剖面线,靠左;轴涂黑,靠右;长度相等);列式计算出最大、最小间隙或过盈*(括号内不要的字打叉)。

孔：$\phi 120^{+0.087}_{0}$

轴：$\phi 120^{-0.120}_{-0.207}$

(　　)配合

最大(间隙、过盈)
=
最小(间隙、过盈)
=

孔：$\phi 50^{+0.025}_{0}$

轴：$\phi 50^{+0.018}_{+0.002}$

(　　)配合

最大(间隙、过盈)
=
最小(间隙、过盈)
=

孔：$\phi 100^{-0.058}_{-0.093}$

轴：$\phi 100^{0}_{-0.022}$

(　　)配合

最大(间隙、过盈)
=
最小(间隙、过盈)
=

8-6 极限与配合基本知识练习(二)。

1. 根据下列条件查附录表，将其极限偏差填写在括号内。

(1) ϕ30H8(　　　)

(2) ϕ60JS7(　　　)

(3) ϕ25m6(　　　)

(4) ϕ40f7(　　　)

(5) ϕ90G7(　　　)

(6) ϕ80h9(　　　)

2. 根据下列条件查附录表，将其公差带代号填写在公称尺寸之后。

孔 $\begin{cases} \phi70 & (\pm 0.015) \\ \phi20 & \binom{+0.006}{-0.015} \\ \phi80 & \binom{+0.076}{+0.030} \end{cases}$

轴 $\begin{cases} \phi30 & \binom{-0.020}{-0.041} \\ \phi35 & \binom{+0.018}{+0.002} \\ \phi90 & \binom{0}{-0.035} \end{cases}$

3. 根据孔(公称尺寸ϕ40、上极限偏差+0.062、下极限偏差0)、轴(公称尺寸ϕ40、上极限偏差-0.080、下极限偏差-0.142)的已知尺寸，查出其公差带代号，并将它们分别标注在下图中。

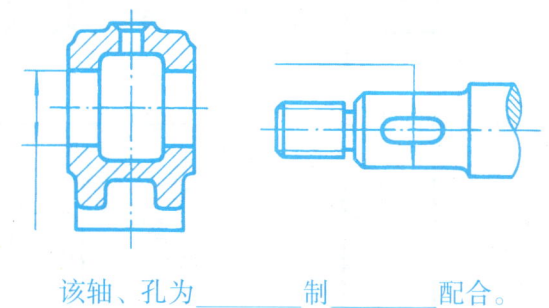

该轴、孔为_____制_____配合。

4. 根据零件图中的标注，在装配图上注出配合代号，并回答问题。

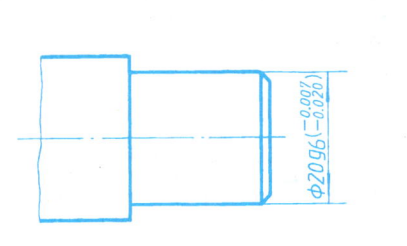 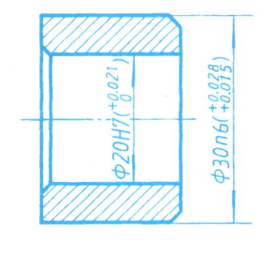  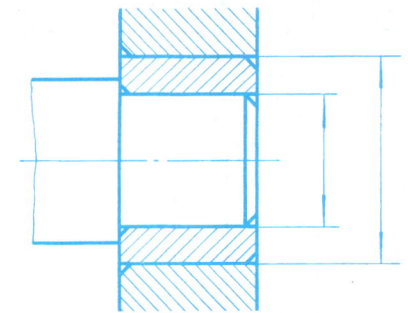

答：轴与轴套孔是_____制_____配合。　　　　答：轴套与零件孔是_____制_____配合。

班级　　　　　　　　　姓名　　　　　　　　　学号

8-7 极限与配合的标注

1. 根据孔、轴的极限偏差，查表确定其公差带代号（写在公称尺寸后的空白处），并标注（在零件图上分别按三种形式标注，在装配图上只注配合代号）。

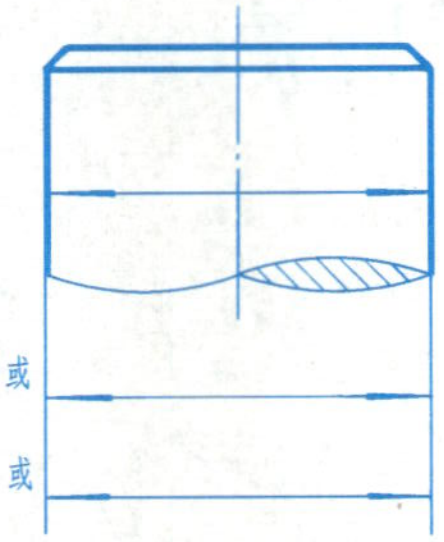

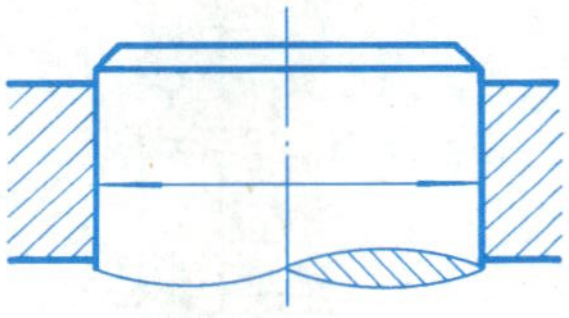

孔：φ100 ($^{-0.058}_{-0.093}$)

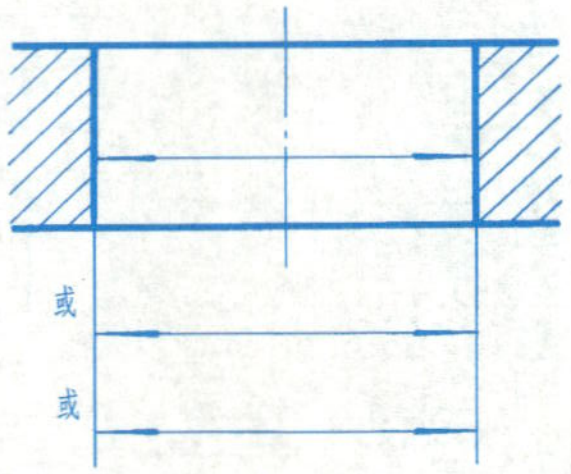

轴：φ100 ($^{0}_{-0.022}$)

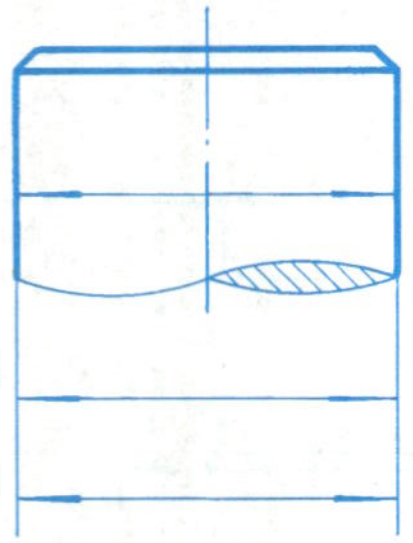

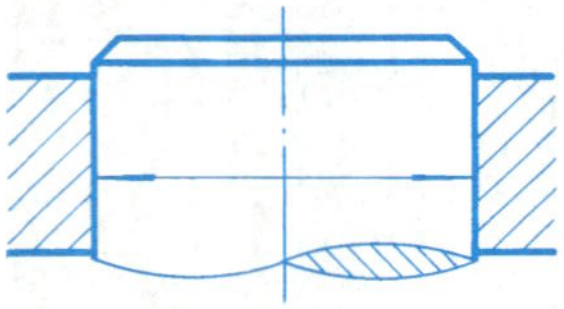

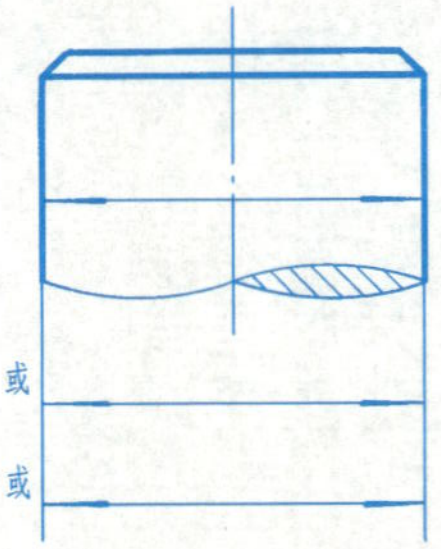

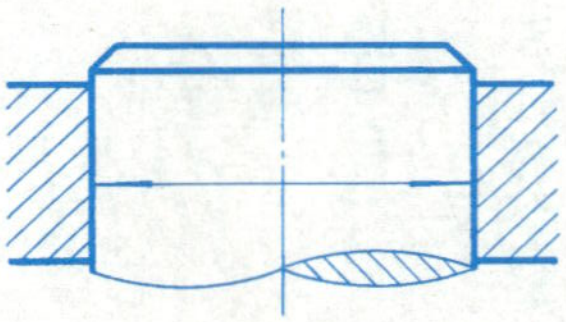

孔：φ50 ($^{+0.025}_{0}$)

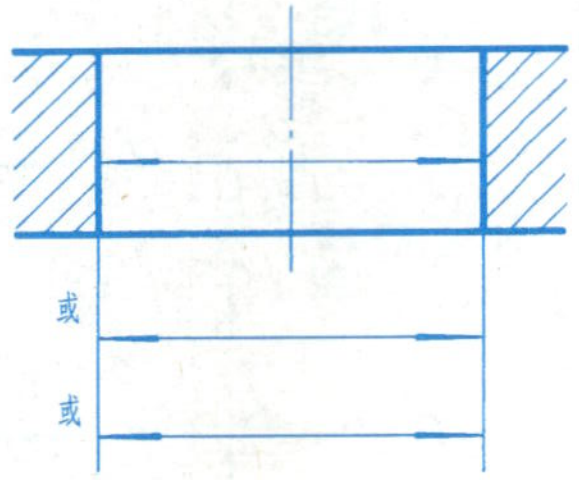

轴：φ50 ($^{+0.018}_{+0.002}$)

孔：φ120 ($^{+0.087}_{0}$)

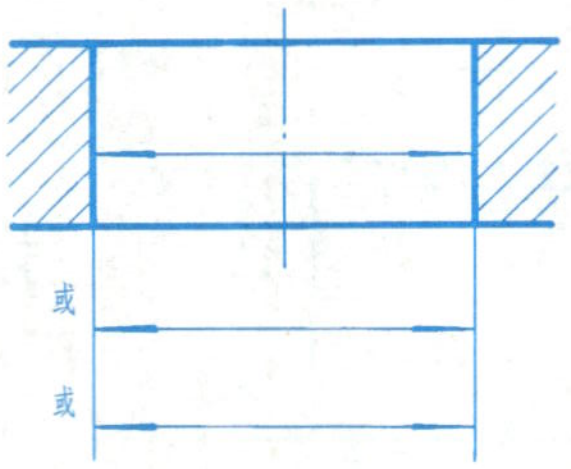

轴：φ120 ($^{-0.120}_{-0.207}$)

2. 分析上面孔、轴公差带之间的关系，再与下面的配合示意图对号入座（将其配合代号填在括号内），然后与8-5中的2题对照分析，并回答问题。

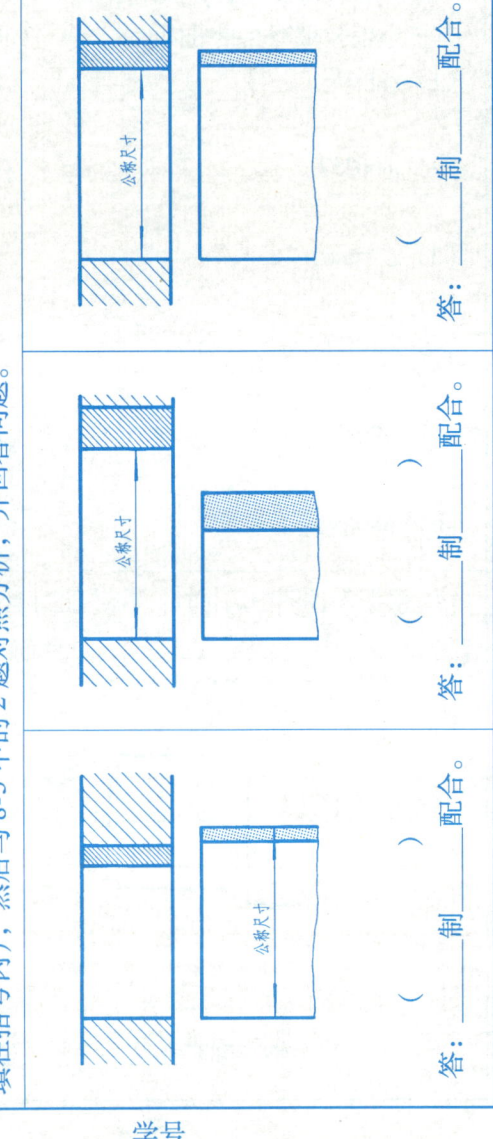

答：（　　）配合。

答：（　　）配合。

答：（　　）配合。

8-8 说明几何公差的含义。

1. 填空解释下图中所注几何公差的含义。

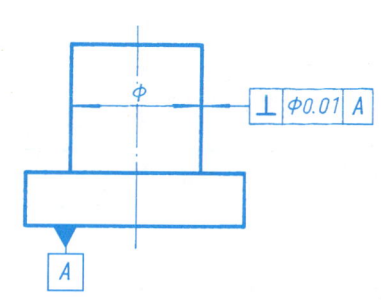

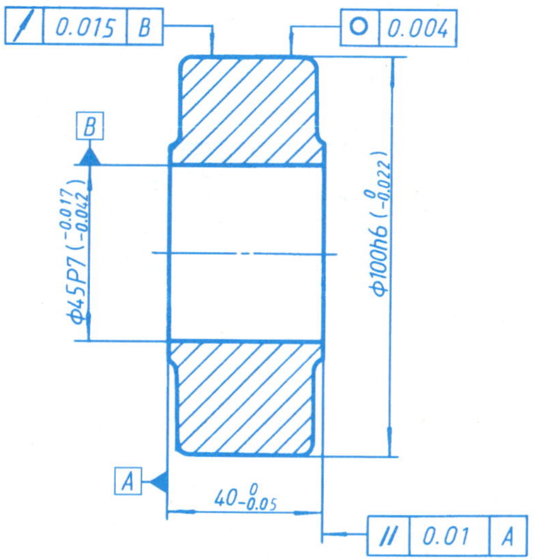

| 0.015 | B |：表示提取 φ100h6（实际）_____面对以 φ45P7 圆孔_____为_____的_____向_____公差为_____。

⌀ 0.004：表示提取 φ100h6（实际）_____面的_____公差为_____。

∥ 0.01 A：表示提取高 40（实际）圆柱_____端面对以该圆柱_____端面为_____的_____公差为_____。

2. 填空说明图中所注几何公差的含义。

(1)
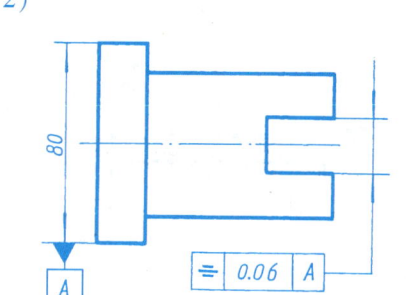

1）被测要素为_____；
2）_____公差为_____；
3）基准要素 A 为_____。

(2)

1）被测要素为_____；
2）_____公差为_____；
3）基准要素 A 为_____。

(3)
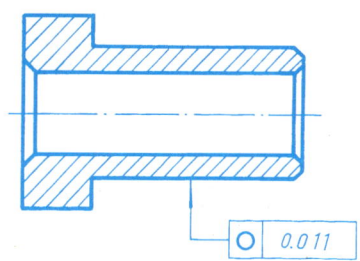

1）被测要素为_____；
2）_____公差为_____。

(4)
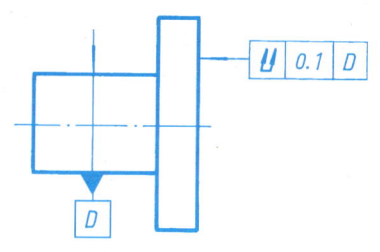

1）被测要素为_____；
2）_____公差为_____；
3）基准要素 D 为_____。

8-9 标注几何公差。

1. φ50 圆柱面素线的直线度公差为 0.012mm。

2. 工字钢顶面的平面度公差为 0.05mm。

3. φ54 圆柱面的圆柱度公差为 0.1mm。

4. φ62 圆柱左端面对 φ45 轴线的垂直度公差为 0.08mm。

5. φ48 圆柱表面对两端 φ24 公共轴线的径向圆跳动公差为 0.05mm。

6. φ20 孔中心线对底面的平行度公差为 0.08mm。

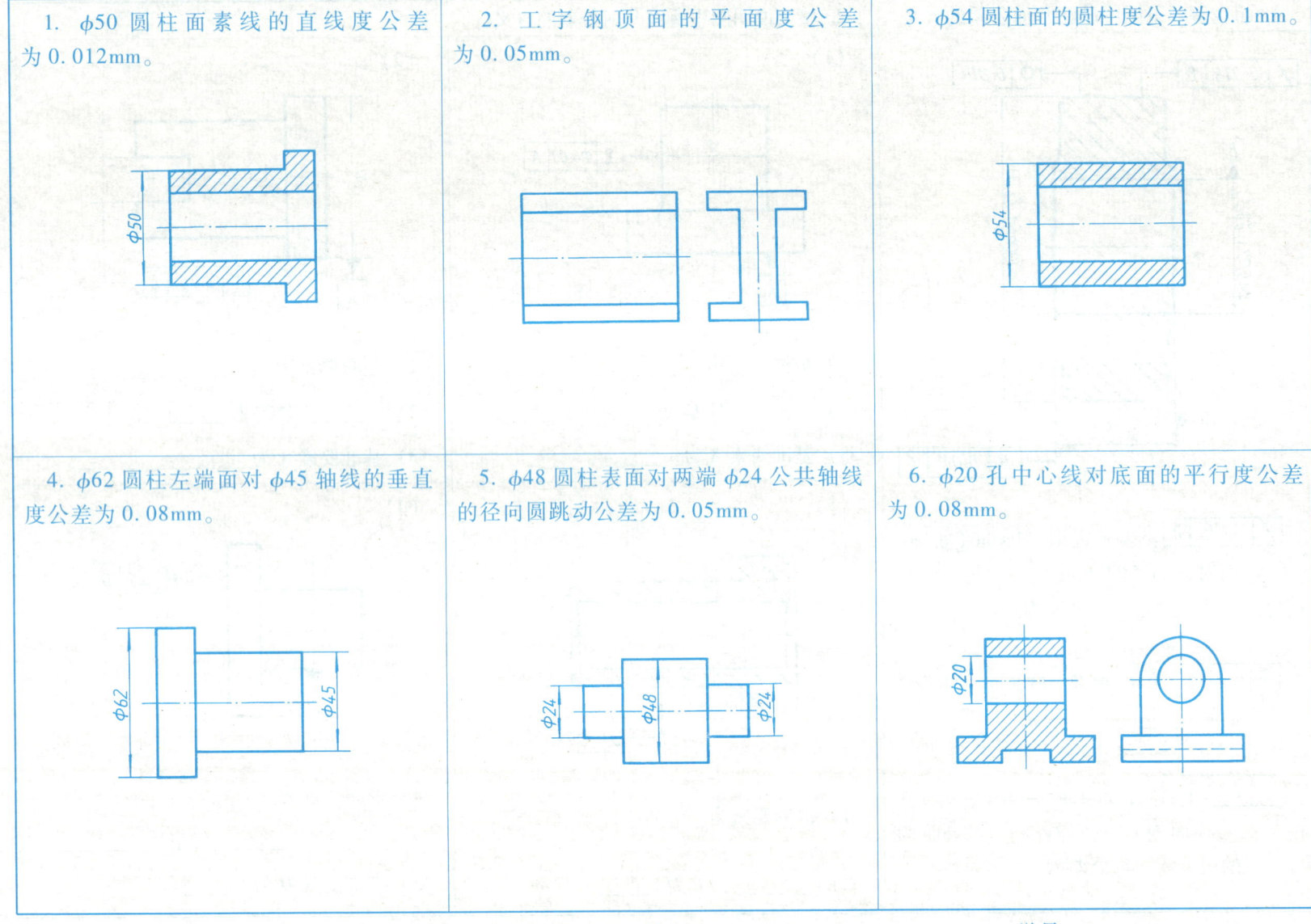

8-10 零件测绘。

作业 6　零 件 测 绘

（一）作业目的

1. 熟悉和掌握零件测绘的方法和步骤。
2. 训练独立选择零件的表达方案、标注尺寸和注写技术要求的能力。

（二）内容与要求

1. 测绘一个零件，完成其零件草图。
2. 草图应画在 A3 图纸或坐标纸上。
3. 测绘的对象最好为实际零件、后续测绘部件中的零件或金属模型（如没有，也可以下页的轴测图代替。测量尺寸时，要先在轴测图上画出圆的中心线及对称线的位置，尽量画准，以便于量取尺寸）。

（三）注意事项

1. 零件测绘应认真，不得潦草。
2. 测绘步骤应清晰，选择视图、标注尺寸、注写技术要求应依次进行。
3. 选择视图表达方案应在草纸上进行，最好多选几组方案，从中选优。
4. 标注尺寸时，应先选定尺寸基准，再按形体分析法确定并标注定形、定位和总体尺寸；要注意与相关零件尺寸协调一致；先集中画出所有的尺寸线、尺寸界线和箭头，再逐一测量、填写尺寸数字。
5. 零件上标准结构要素（如螺纹、键槽、销孔等），应查表予以标准化。
6. 草图完成后要认真检查，及时纠正错、漏之处。

作业 7　由零件草图绘制零件工作图

（一）作业目的

1. 熟悉和掌握由零件草图绘制零件工作图的方法和步骤。
2. 综合运用学过的知识，提高绘制生产中实用零件图的能力。

（二）内容与要求

1. 根据测绘出的零件草图，绘制零件工作图。
2. 用 A3 图纸绘制。

（三）注意事项

1. 作图时，要以所绘之图一经脱手即将投入生产的心态，严肃、认真、高度负责地进行。
2. 全面调用已学的知识，综合加以应用。所绘的零件图：

（1）要符合标准（如视图画法及其标注、尺寸的标注、技术要求的注写，标准结构的画法、标注以及查表进行标准化等等）。

（2）尽量符合生产实际（如工艺结构的合理性，所注尺寸应便于加工和测量，表面粗糙度、尺寸公差、几何公差的选用既能保证零件的质量，又能降低零件的制作成本等）。

为此，要对零件草图进行全面审视。对有问题的地方，要翻看教材、查阅标准中的相关知识或请教他人。

3. 布图合理、图形简洁、尺寸完整、清晰，字迹工整，便于他人看图。
4. 认真填写标题栏。

班级　　　　　　　　　姓名　　　　　　　　　学号

8-11 零件测绘作业题(零件材料：HT150)。

1. 底座。

2. 支座。

3. 阀体。

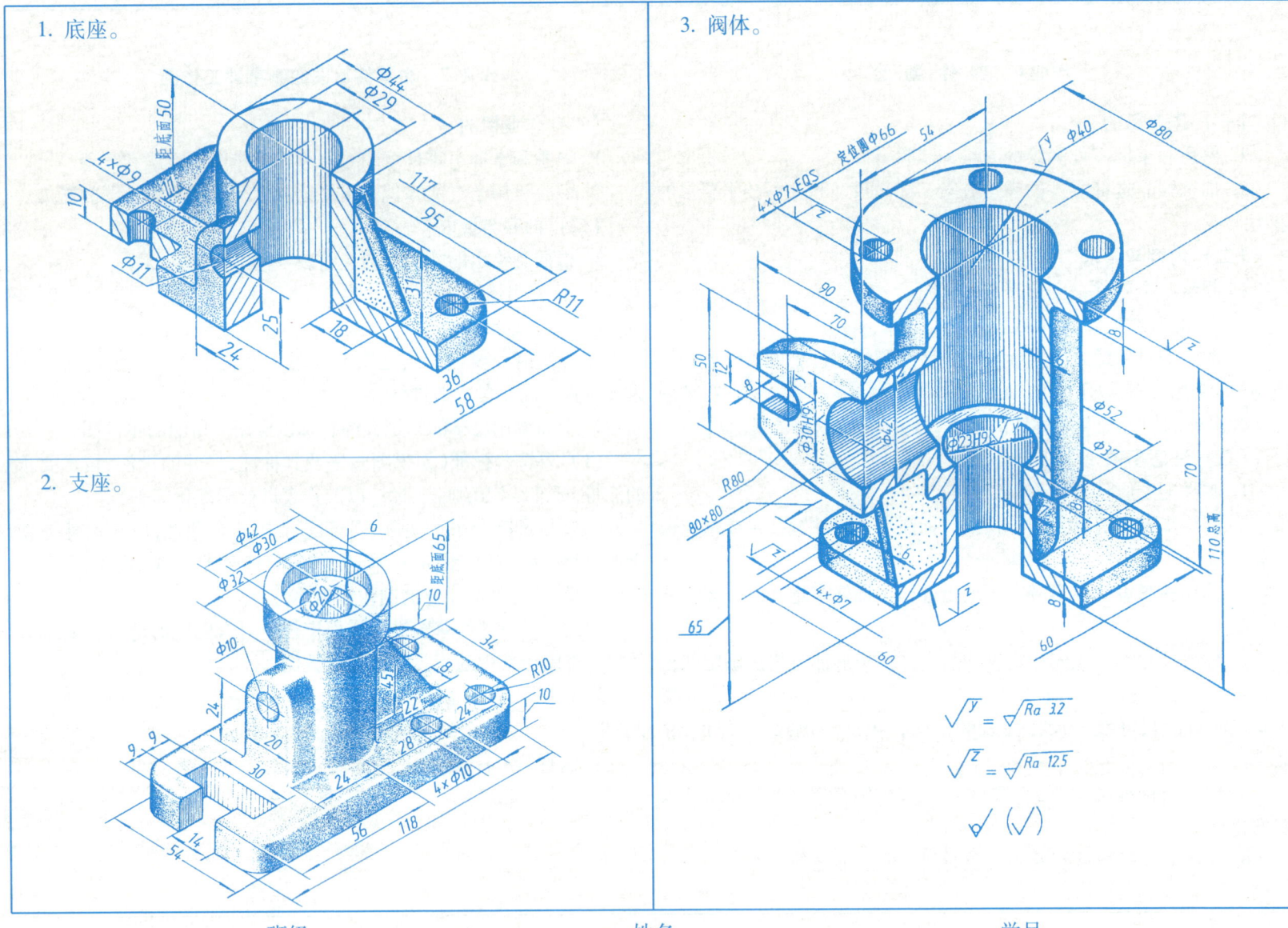

班级　　　　　姓名　　　　　学号

8-12 读轴的零件图。

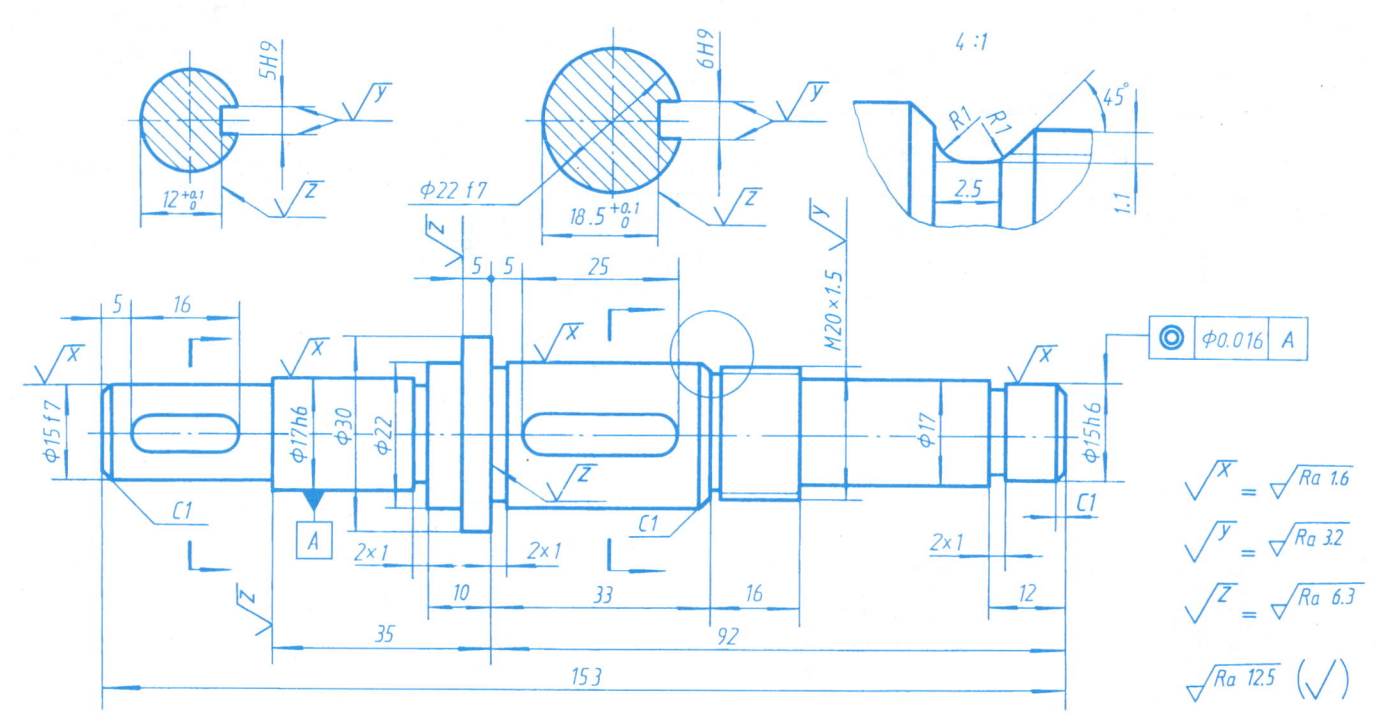

看图回答问题

1. 指出各视图的名称,并说明为什么采用这些视图来表达。
2. 标出长、宽、高方向尺寸的主要基准,并指出哪些尺寸是定位尺寸。
3. 说明图中公差带代号的意义。
4. 键槽两侧面的 Ra 为 _____ μm,ϕ17h6 圆柱面的 Ra 为 _____ μm,轴左、右端面的 Ra 为 _____ μm。

技术要求

零件需进行调质处理。

8-13 读夹具体零件图。

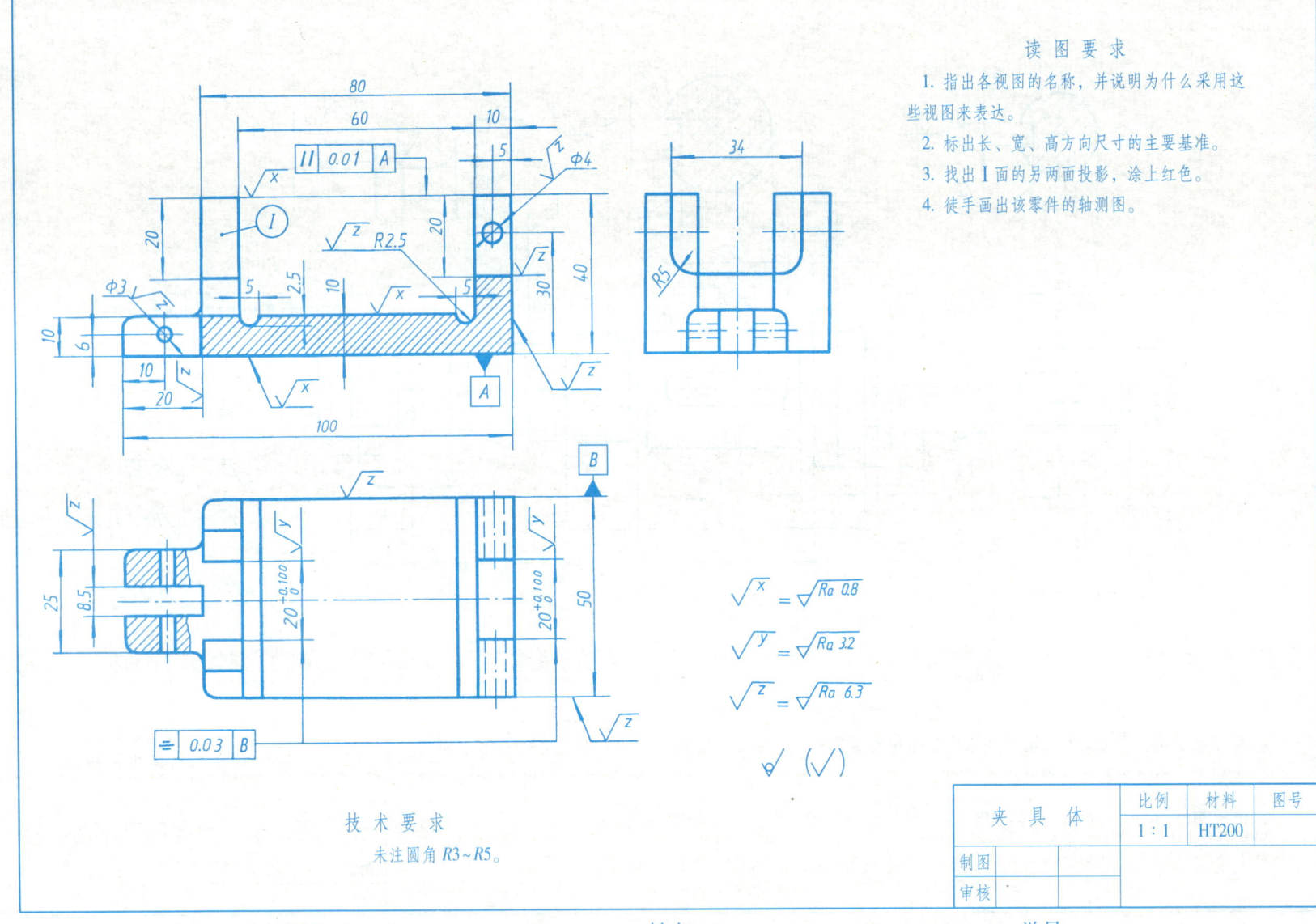

读图要求
1. 指出各视图的名称，并说明为什么采用这些视图来表达。
2. 标出长、宽、高方向尺寸的主要基准。
3. 找出 Ⅰ 面的另两面投影，涂上红色。
4. 徒手画出该零件的轴测图。

8-14 读轴承盖零件图,在指定位置画出 B—B 剖视图(采用对称画法),并回答下列问题(选读题,轴测图见152页)。

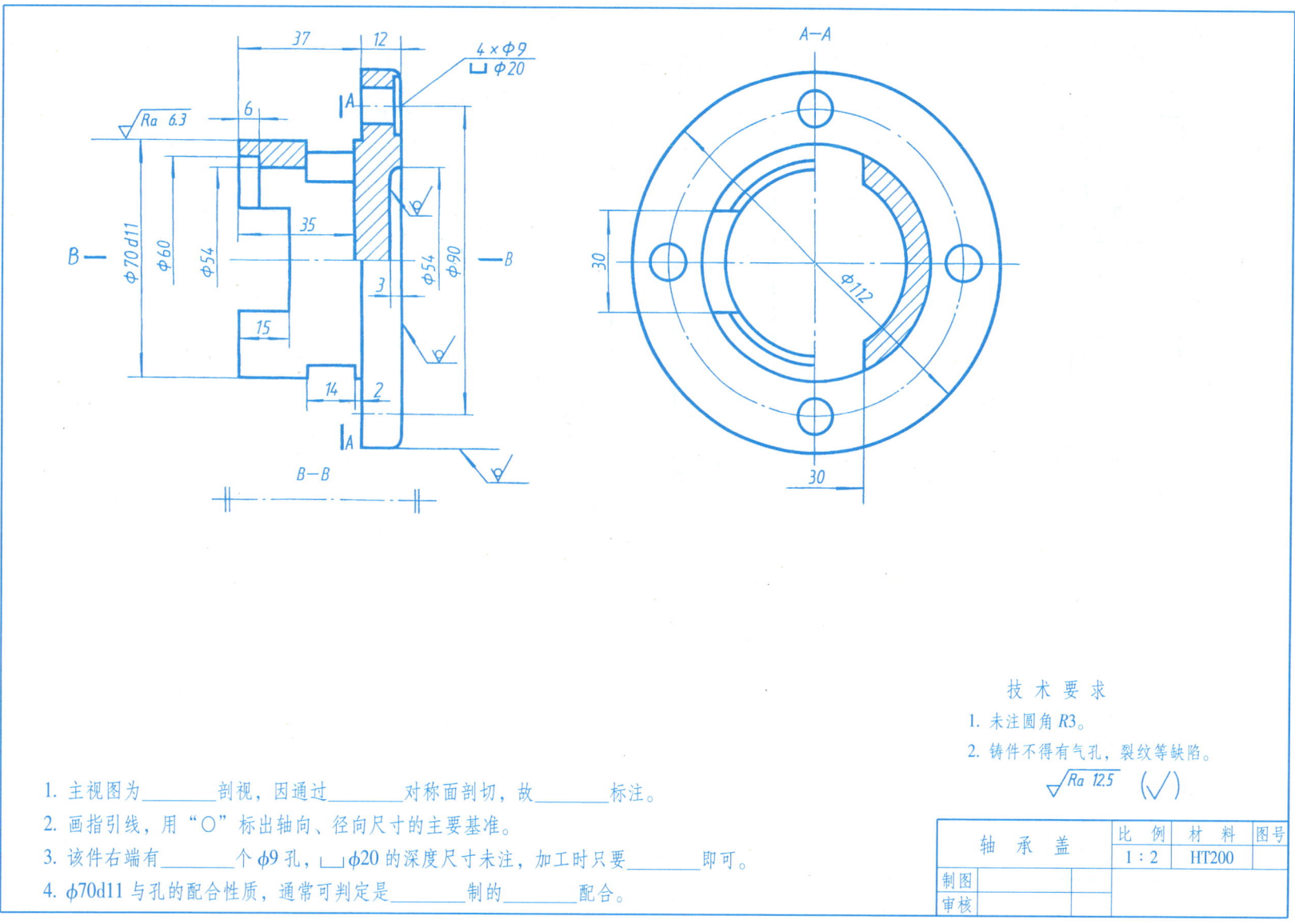

技 术 要 求
1. 未注圆角 R3。
2. 铸件不得有气孔,裂纹等缺陷。

1. 主视图为_____剖视,因通过_____对称面剖切,故_____标注。
2. 画指引线,用"○"标出轴向、径向尺寸的主要基准。
3. 该件右端有_____个 φ9 孔,⌴φ20 的深度尺寸未注,加工时只要_____即可。
4. φ70d11 与孔的配合性质,通常可判定是_____制的_____配合。

轴 承 盖	比例	材料	图号
	1:2	HT200	
制图			
审核			

班级　　　　　　　　姓名　　　　　　　　学号

8-15 读拨叉零件图(选读题,零件轴测图参看152页)。

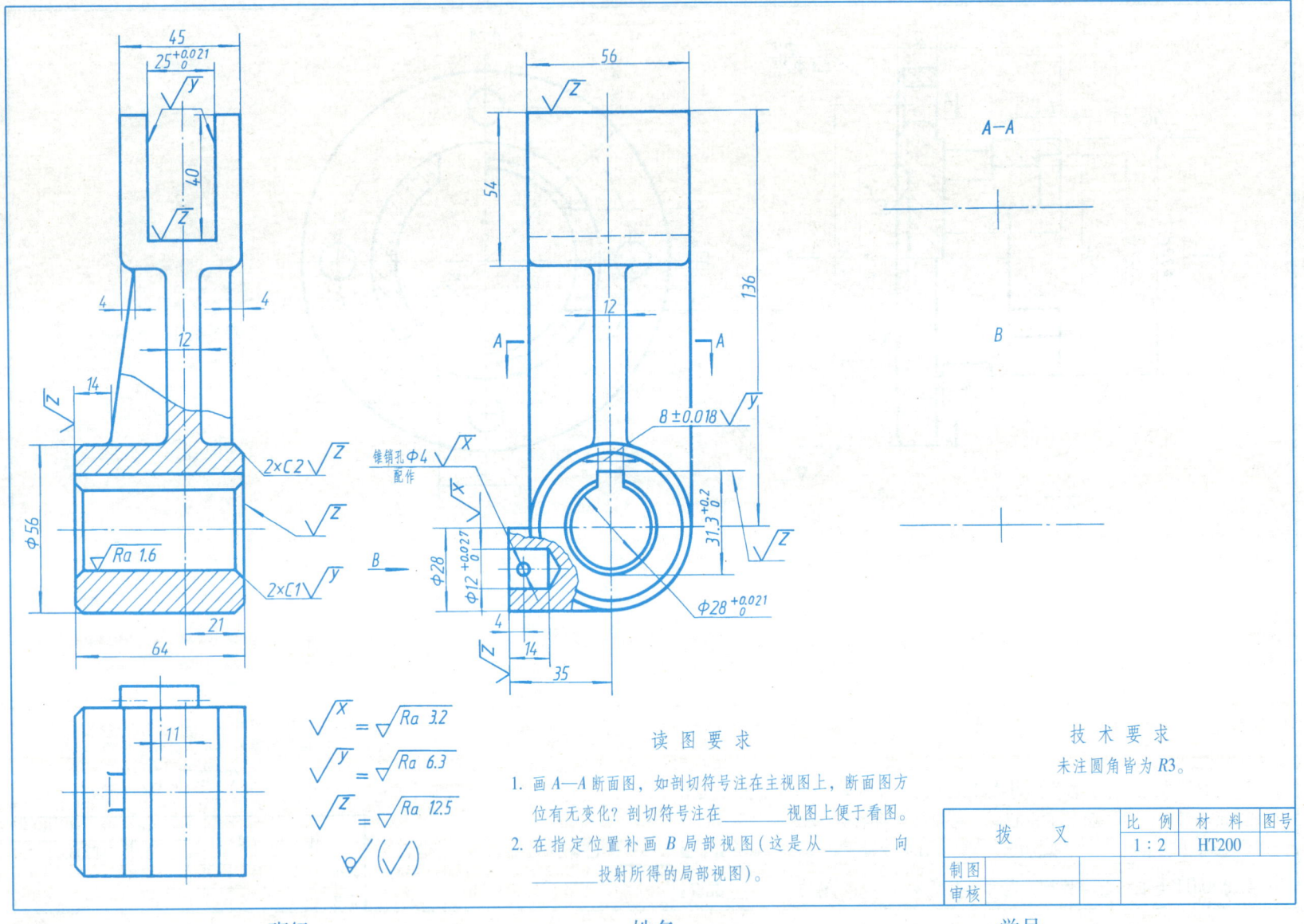

8-16 读零件图：分析视图表达方法，想象出零件形状，熟悉各种标注方法（选读题，零件轴测图参看 152 页）。

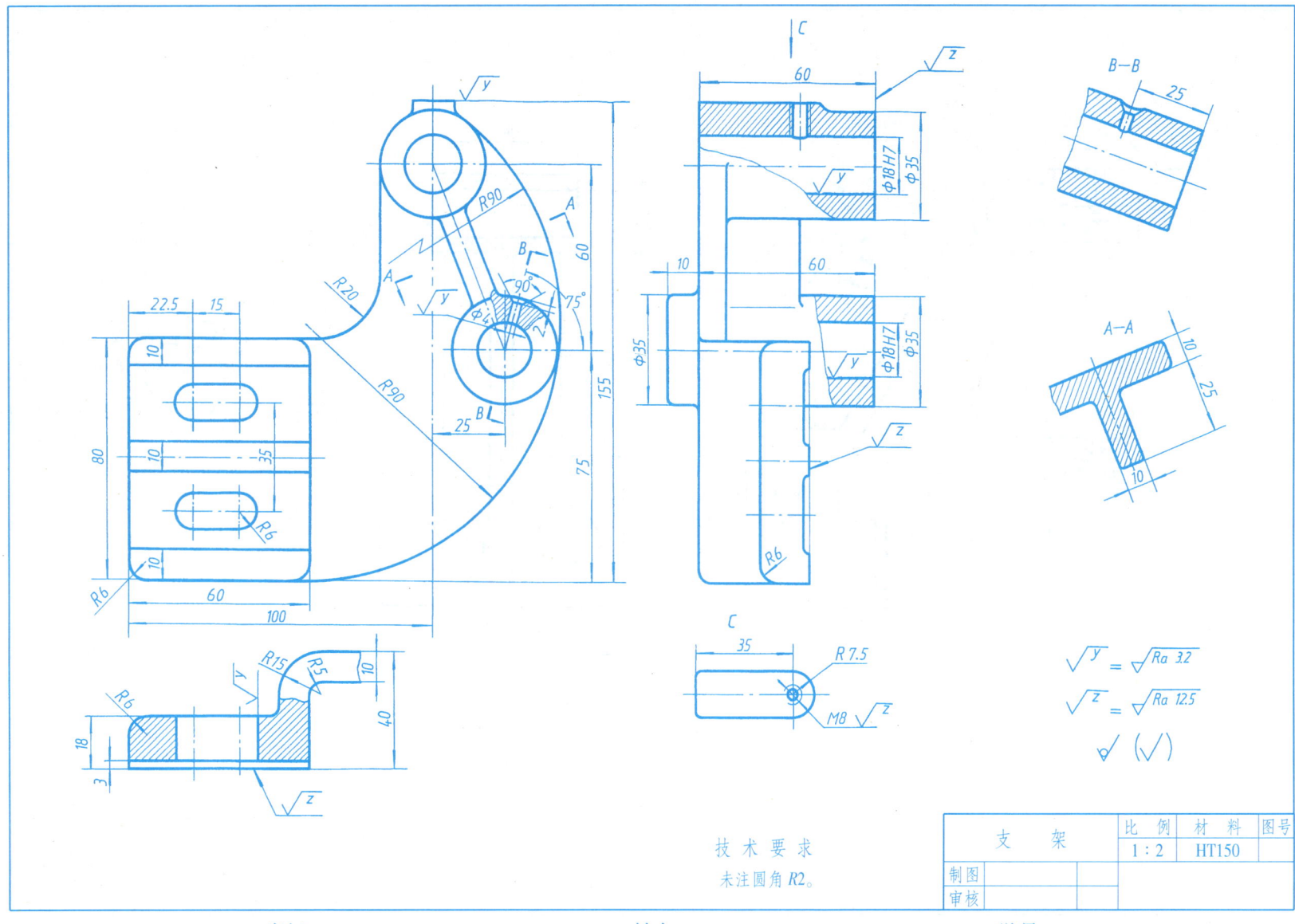

技术要求
未注圆角 R2。

8-17 识读托架零件图(分析托架的剖切特点,回答为什么要这样剖)(零件轴测图参看 153 页)

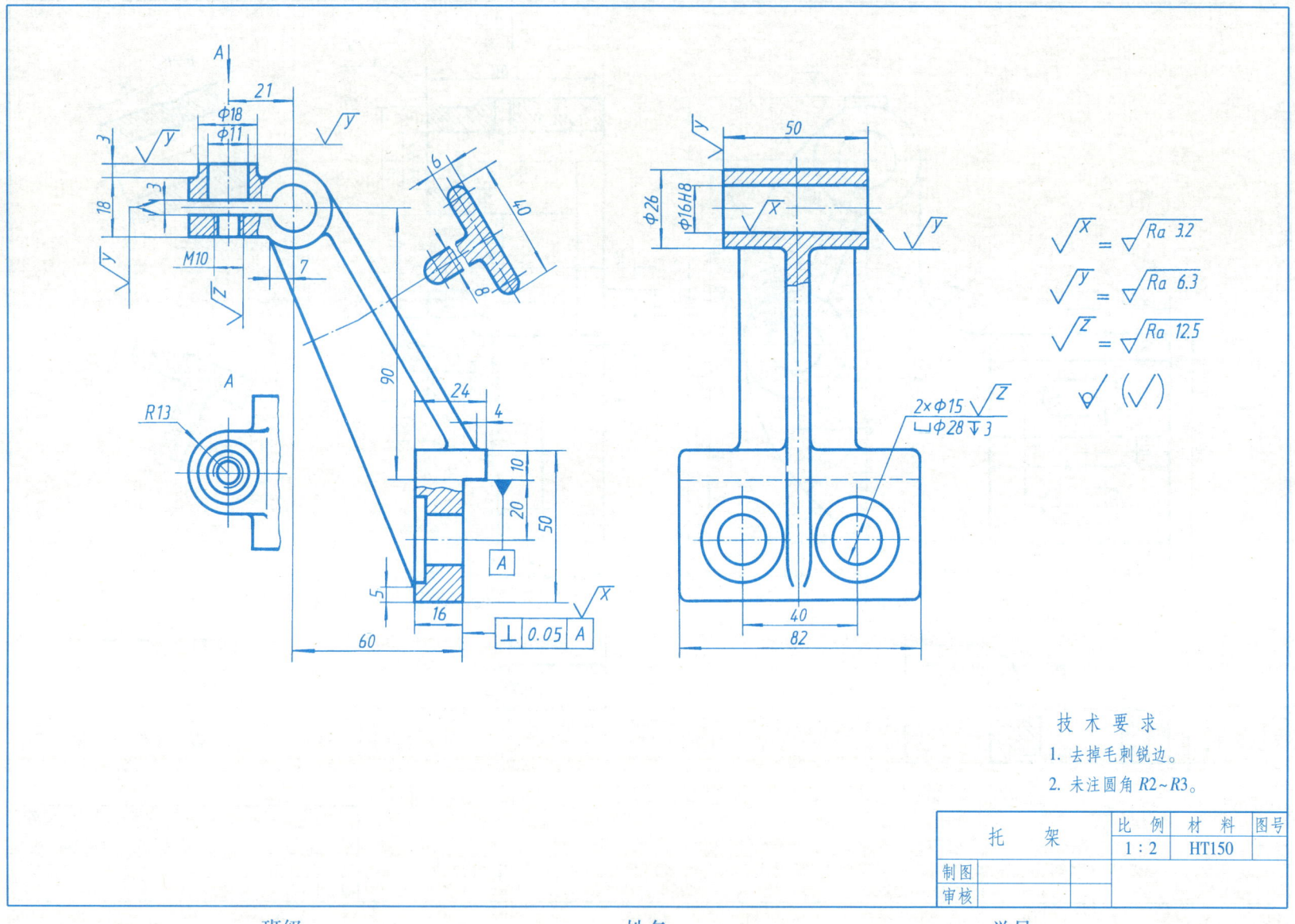

8-18 识读十字接头零件图（看图要求：分析十字接头的剖切特点，回答为什么要这样剖）（零件轴测图参看153页）

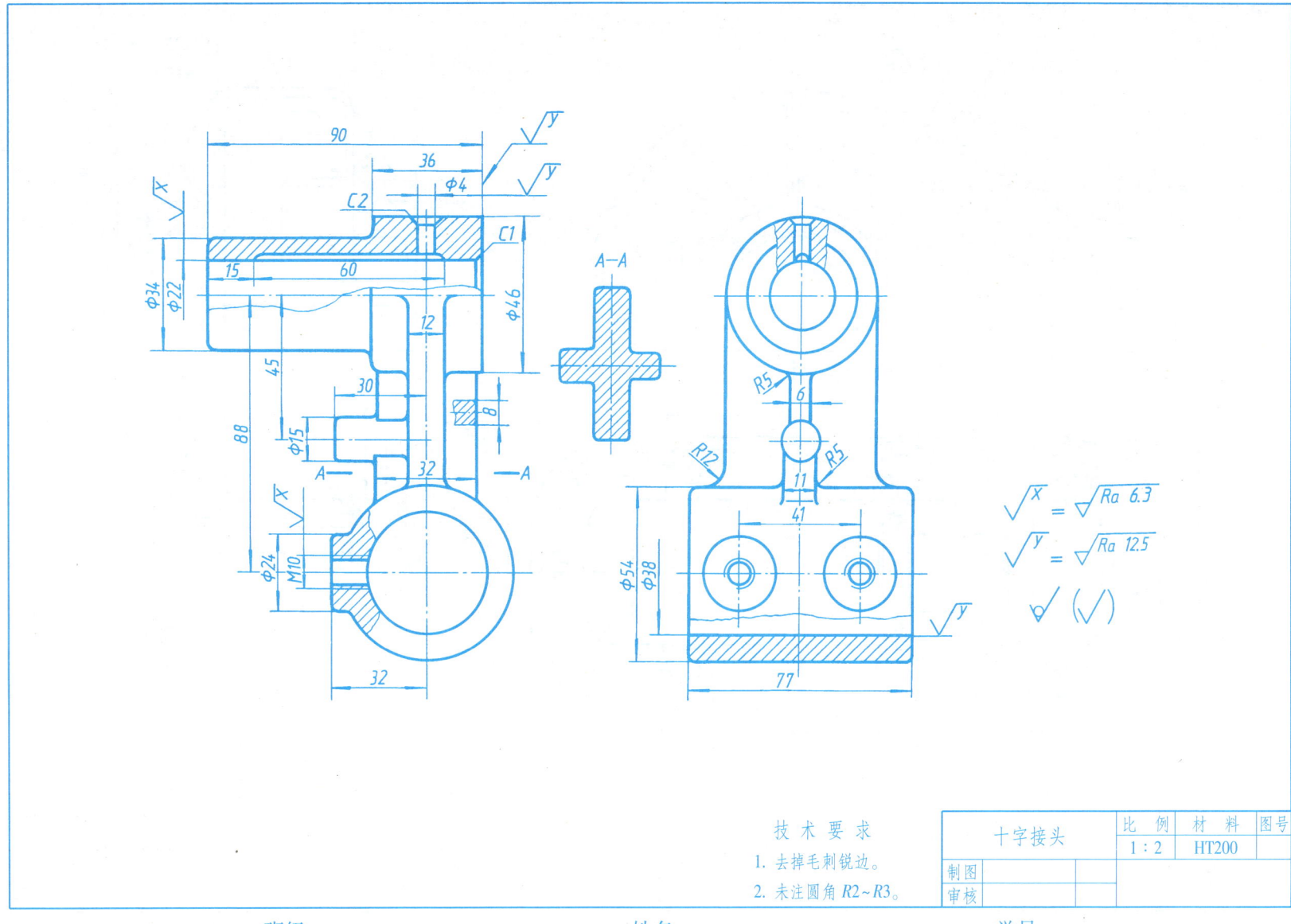

技术要求
1. 去掉毛刺锐边。
2. 未注圆角 R2~R3。

十字接头　比例 1:2　材料 HT200

班级　　姓名　　学号

8-19 读减速机机盖零件图(要求:与下页图配合起来识读,并注意盖、座相关结构和尺寸的一致性)(选读题,零件轴测图见154页)。

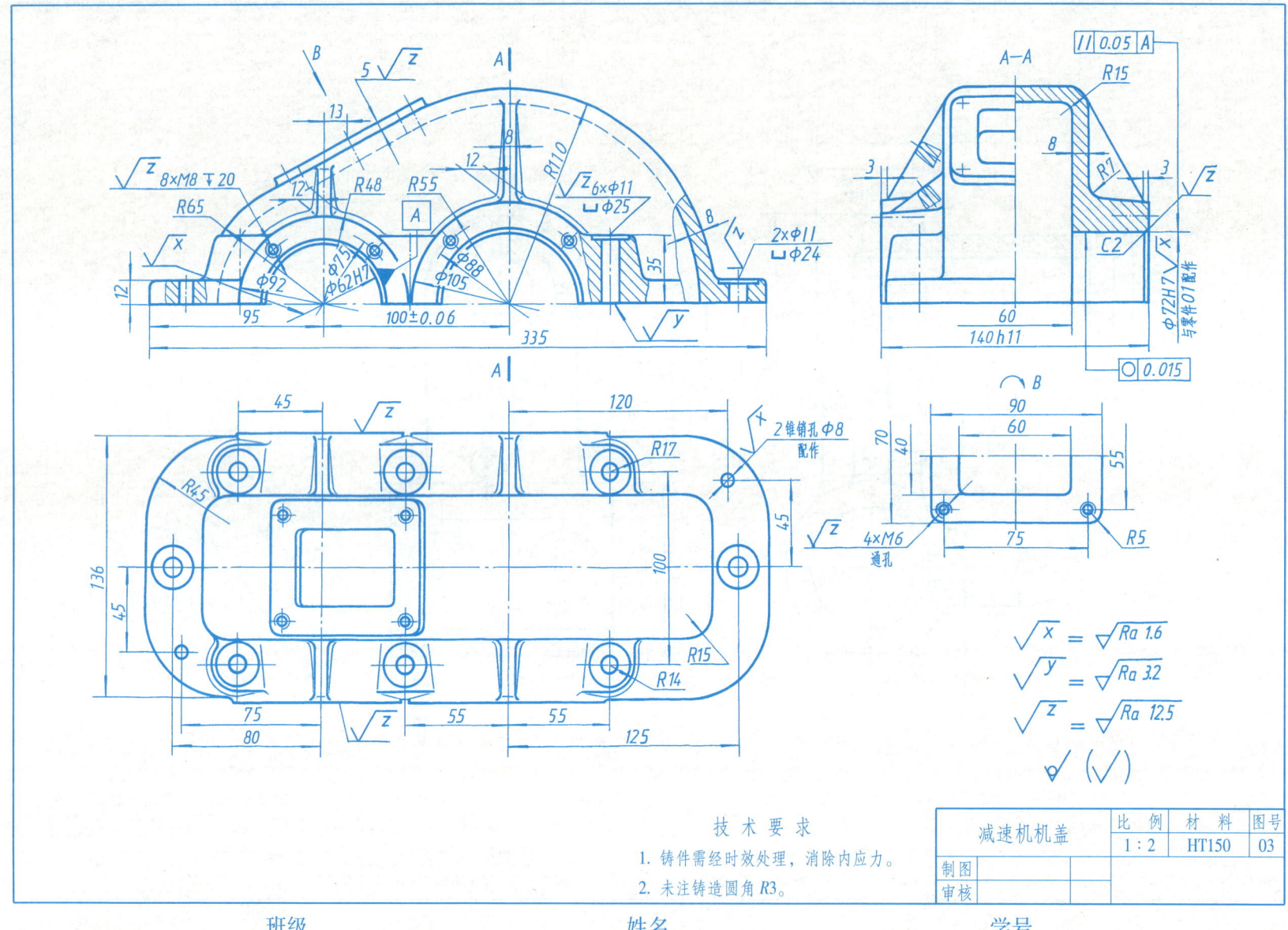

8-20 读减速机机体零件图(要求:与上页图配合识读,注意相关结构、尺寸的一致性)(选读题,零件轴测图见154页)。

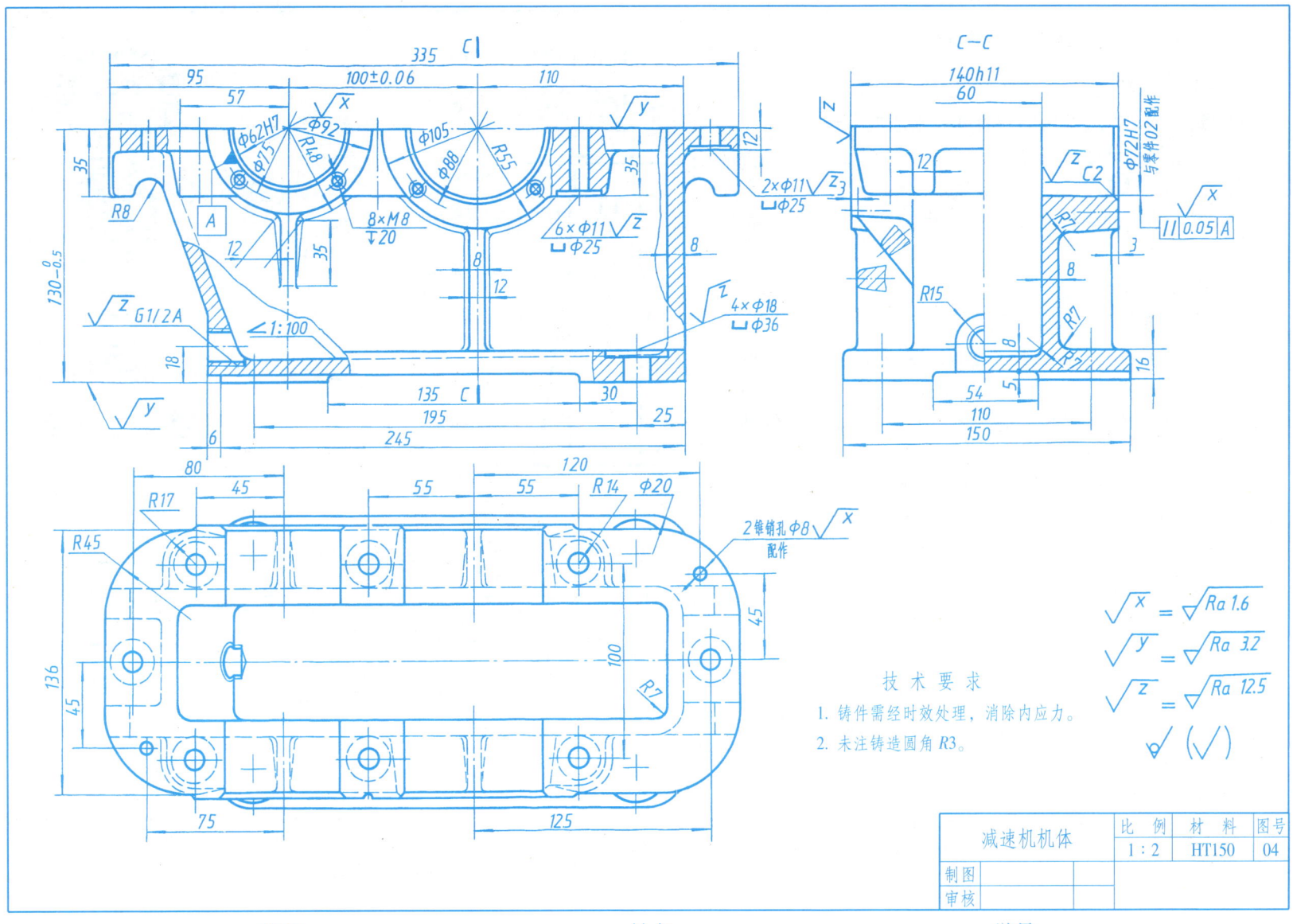

九、装配图

9-1 根据千斤顶装配示意图和零件图,画装配图。

作业 8 画 装 配 图

(一) 作业目的

1. 熟悉和掌握装配图的内容和装配图的表达方法。
2. 了解绘制装配图的方法。

(二) 内容与要求

1. 根据给出的题目(9-1、9-3),由教师指定1题,画装配图。
2. 图幅由教师确定。

(三) 注意事项(画图步骤)

1. 初步了解。根据名称和装配示意图,对装配体的功能进行粗略分析,并将其与零件图的相应序号相对照,区分一般零件和标准件,并确定其数量,分析装配图的复杂程度及大小。

2. 详读零件图。依据示意图详读零件图,进而分析装配顺序、零件之间的装配关系、连接方法,弄清传动路线、工作原理。

3. 确定表达方案,选择主视图和其他视图。

4. 合理布图。先画出各视图的作图基准线(主要装配干线、对称线等)。

5. 拟定画图顺序。画剖视图时,一般从装配干线入手,由内向外逐个画出各个零件的投影(也可酌情由外向里绘制)。

6. 注意相邻零件剖面线的画法。标注尺寸,填写技术要求,编好序号。

7. 作图后,应按装配图的内容,认真做一次全面检查和修正。

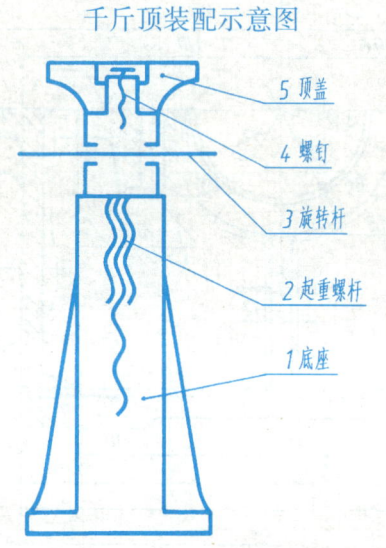

千斤顶装配示意图

5 顶盖
4 螺钉
3 旋转杆
2 起重螺杆
1 底座

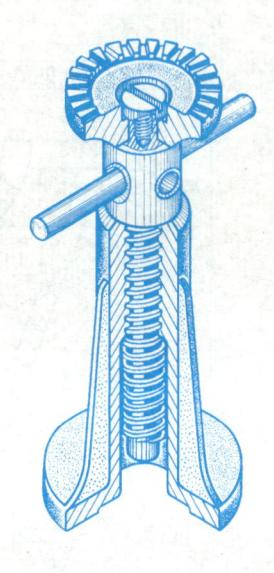

千斤顶工作原理

千斤顶是顶起重物的部件。使用时,须按逆时针方向转动旋转杆3,使起重螺杆2向上升起,通过顶盖5将重物顶起。

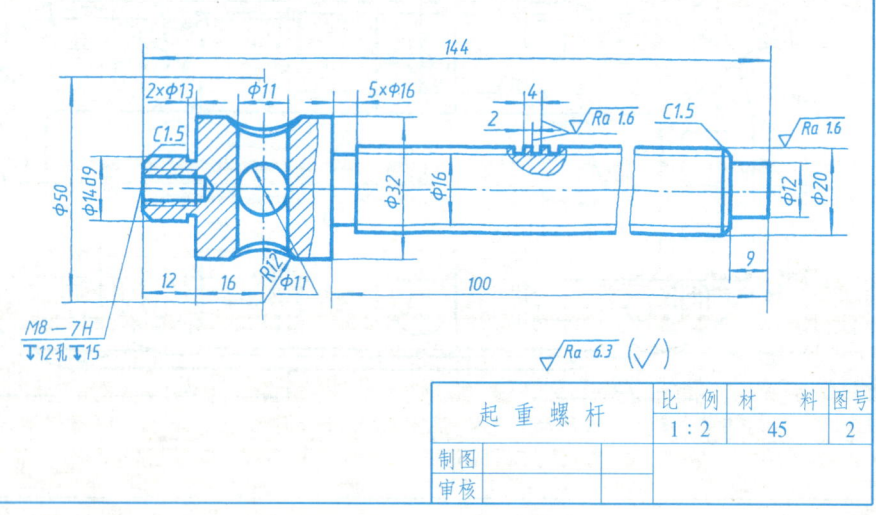

起重螺杆	比例	材料	图号
	1:2	45	2
制图			
审核			

班级　　　　姓名　　　　学号

9-2 千斤顶零件图。

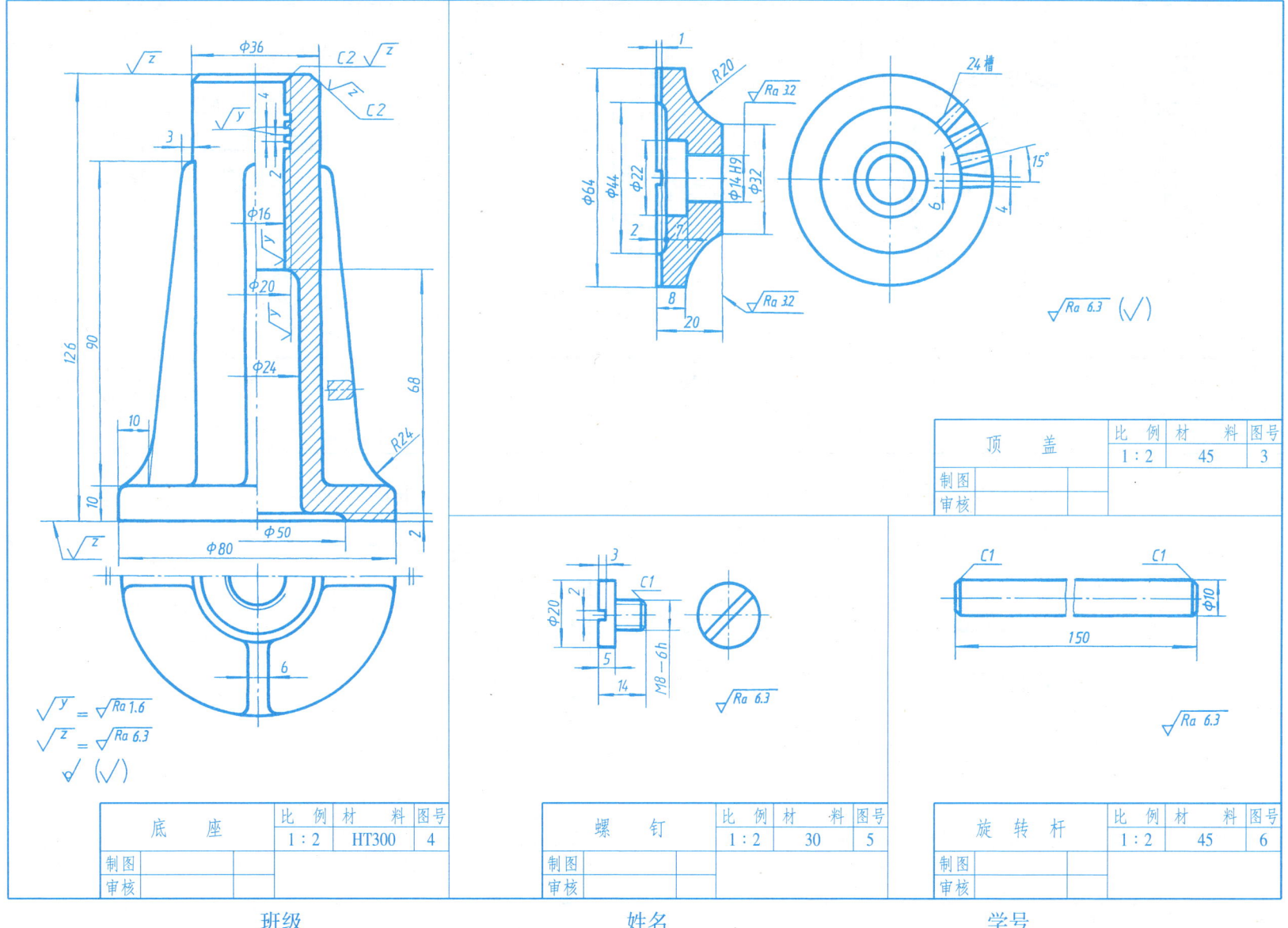

9-3 根据铣刀头的装配示意图和零件图，画装配图。

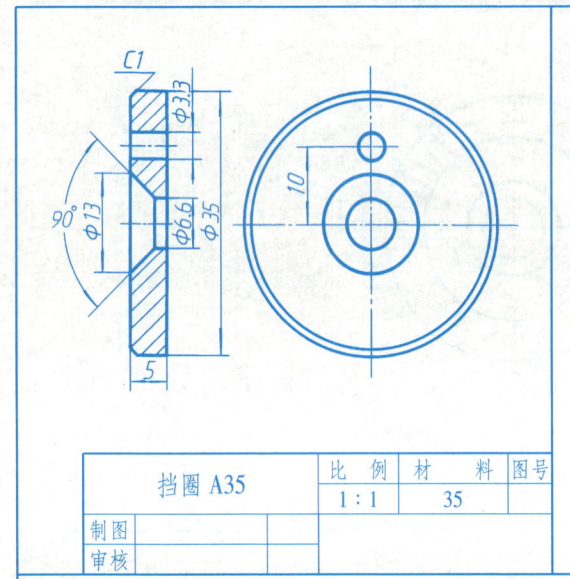

挡圈 A35		比 例	材 料	图号
		1:1	35	
制图				
审核				

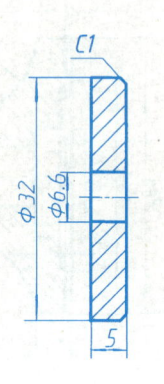

挡圈 B32		比 例	材 料	图号
		1:1	35	
制图				
审核				

注：图中 h 根据装配时端盖与轴承之间的间隙而定。画图时，可按 $h \approx 5$ 绘制。

调 整 环		比 例	材 料	图号
		1:1	Q235—A	
制图				
审核				

铣刀头装配示意图

铣刀头中标准件明细表

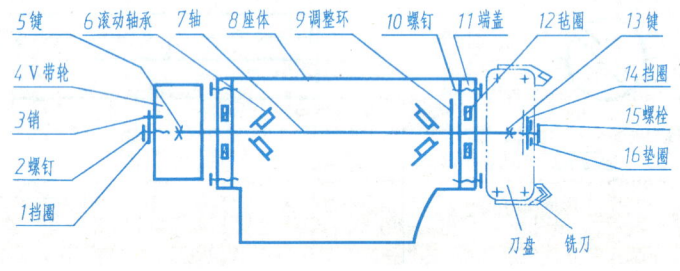

注：铣刀盘不属于该装配体。绘图时参照装配示意图，用双点画线画出。

序号	名 称	数量	相关标准
1	挡圈 A35	1	GB/T 891—1986
2	螺钉 M6×18	1	GB/T 68—2000
3	销 A3×12	1	GB/T 119—2000
5	键 8×40	1	GB/T 1096—2003
6	滚动轴承 30307	2	GB/T 297—1984
10	螺钉 M8×22	12	GB/T 70—2000
12	毡圈	2	FJ 314—1981
13	键 6×20	2	GB/T 1096—2003
14	挡圈 B32	1	GB/T 892—1986
15	螺栓 M6×20	1	GB/T 5781—2000
16	垫圈 6	1	GB/T 93—1987

在教材中，铣刀头上的零件图还有
1. 件 8(座体)：图 8-2
2. 件 4(带轮)：图 8-61
3. 件 11(端盖)：图 8-6
4. 件 7(轴)：图 8-5

班级　　　　　姓名　　　　　学号

9-4 由装配图拆画零件图和装配体测绘。

作业 9　由装配图拆画零件图

（一）作业目的
1. 掌握由装配图拆画零件图的方法和步骤。
2. 提高识读装配图和绘制零件图的能力。

（二）内容与要求
1. 按教师指定的题目，拆画零件图。
2. 按教师指定的题目，拆画零件草图。

（三）注意事项
1. 拆画零件图应在基本读懂装配图、弄清其装配体工作原理的基础上进行。
2. 装配图中所示的零件图形、结构形状往往不甚完整，尺寸尤其不全，技术要求又很有限。因此，拆图除了按画零件图的要求，使其具备完整的内容外，还要特别注意它与相关零件在结构形状、尺寸、表面粗糙度、尺寸公差、几何公差、连接方式等方面的协调性或一致性。
3. 充分考虑零件工艺结构的合理性和标准件的标准化。
4. 拆画后，要认真地进行检查：以按此图加工出的零件组装成装配体，确保其功能的实现为尺度，重新审视、检查所有零件和标准件的可靠性，综合考虑组装的可能性、合理性和相关零件的协调性，以保证其机器能够有效地"动"起来。

作业 10　装配体测绘

（一）作业目的
1. 掌握装配体测绘的方法和步骤。
2. 掌握装配图的绘制方法。

（二）内容与要求
1. 按教师指定的装配体，绘制装配示意图、零件草图、装配图和部分主要零件的零件工作图。
2. 零件草图画在 A3 图纸上，较小的零件，其草图可分格绘制。
3. 将标准件集中记录在一张纸上，按序号分格记录其名称、数量、规格和标准号。
4. 零件草图、装配图（含零件工作图）应分别按 A3 图纸横放，装订成册。

（三）注意事项
1. 注意装配体的拆卸顺序，无法拆卸者不可硬拆，以防损坏零件。
2. 装配示意图应按装配体的工作位置画出，并应与画装配图的主视方向相一致。
3. 标准件应集中保管。对不能按比例画法绘制的标准件，查阅相应标准后亦应画出其草图，为画装配图所备用。
4. 应注意有装配、连接关系相关零件之间的协调性（如尺寸、表面粗糙度等）。
5. 注意完整性问题（因反复拆、装，有些装配体上原有的密封件已损坏或丢失，绘图时不可遗漏）。

班级　　　　　　　　　姓名　　　　　　　　　学号

9-5 读轴承托架装配图，并拆画件1(托架)、件4(滑轮)的零件图。

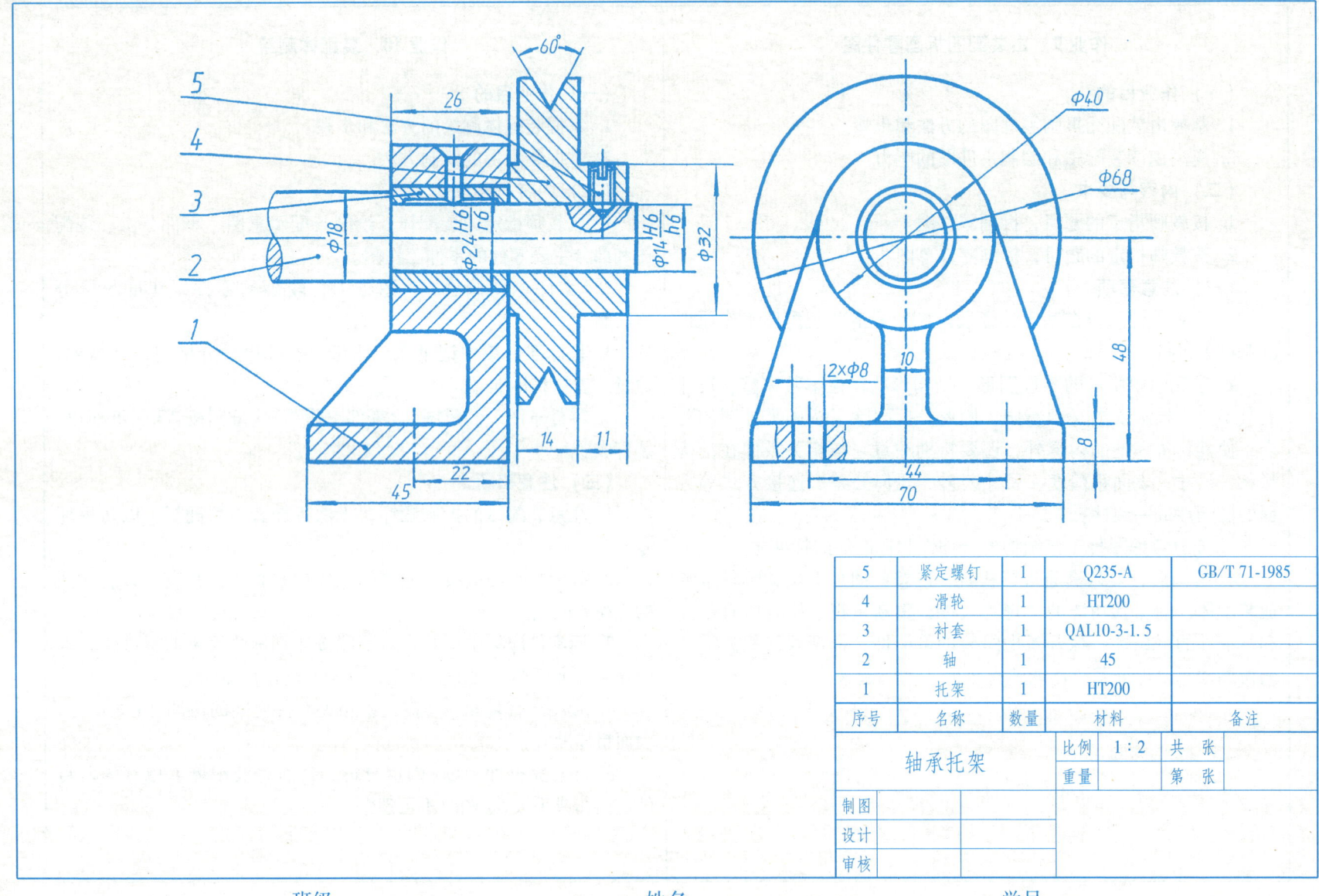

9-6 读钻模装配图，并拆画件1底座的零件草图(装配体轴测图见153页)。

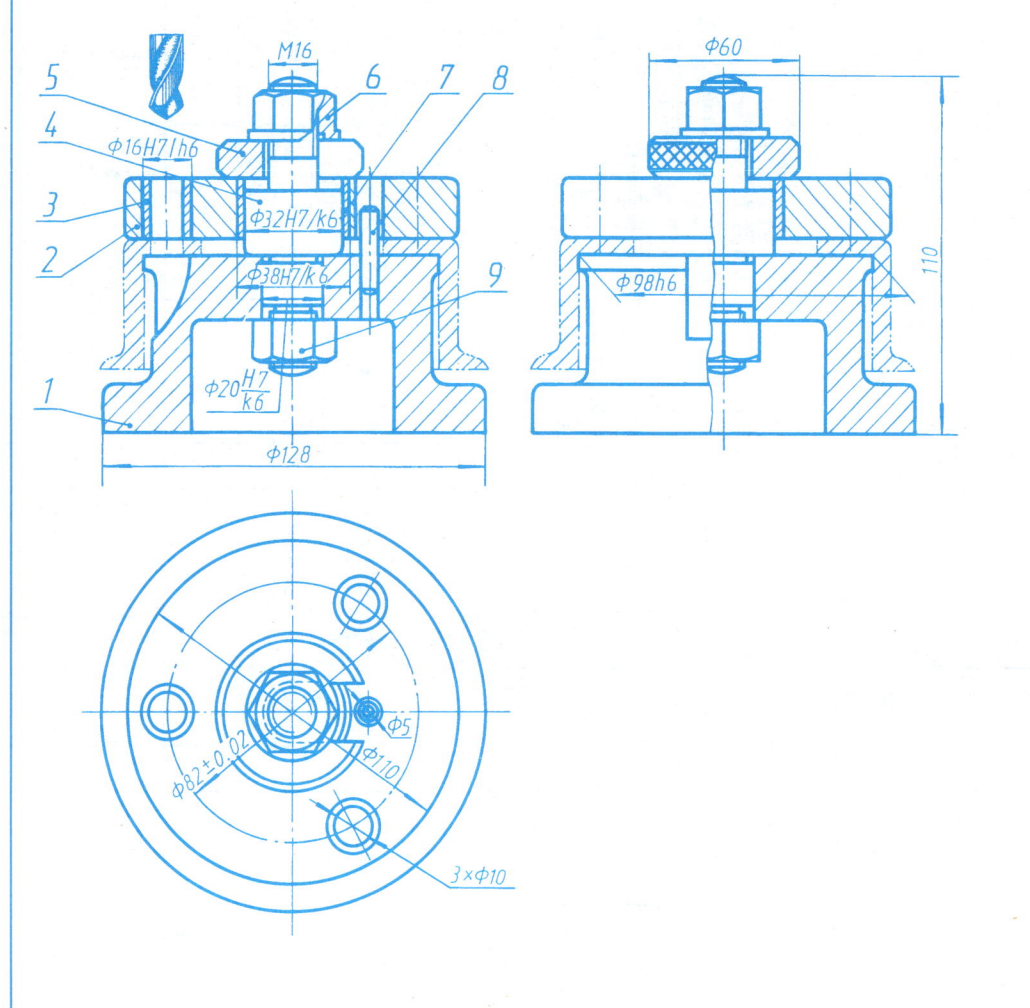

工作原理

钻模是用于加工工件(图中用双点画线所示的部分)的夹具。把工件放在底座1上，装上钻模板2，钻模板通过圆柱销8定位后，再放置开口垫圈5，并用特制螺母6压紧。钻头通过钻套3的内孔，准确地在工件上钻孔。

9	螺母 M16	1		GB/T 6710—2000
8	销 5×30	1		GB/T 119.2—2000
7	衬套	1	45	
6	特制螺母	1	35	
5	开口垫圈	1	45	
4	轴	1	45	
3	钻套	3	T8	
2	钻模板	1	45	
1	底座	1	HT150	
序号	名称	数量	材料	备注

钻模　比例 1:1　共10张　第1张　7-01

9-7 读三通阀装配图，并拆画零件图(由教师指定零件)。

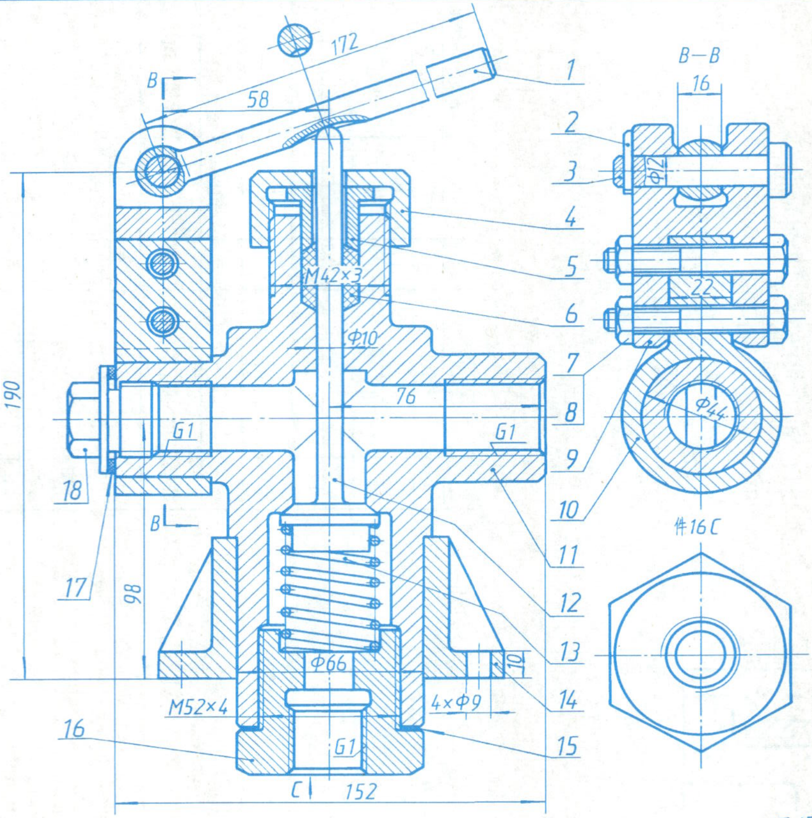

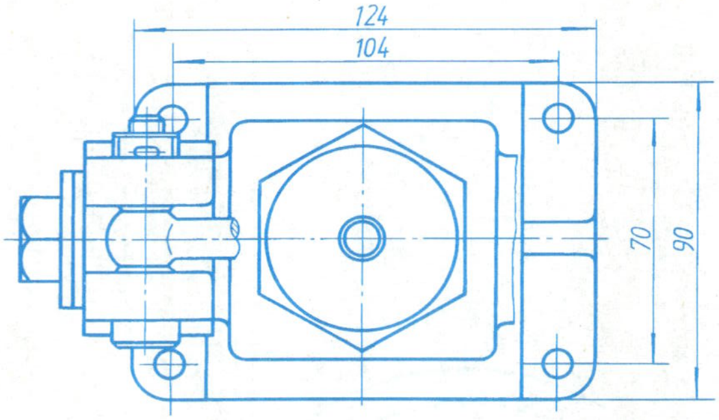

三通阀工作原理

三通阀用于控制管路的开与闭。阀体11的下方与进水管相连，左、右两端接出水管(也可堵住一个通道，只接一个水管，如图示)。按手柄1，阀门12克服弹簧的弹力，打开管路，液体从下端流向右端出水管。放开手柄，由于弹簧的弹力作用，阀门12复位，通道即被堵死。

序号	名称	数量	材料	备注
18	螺塞	1	Q235-A	
17	垫片	1	耐油橡胶板3707	GB/T 5574—1994
16	管接头	1	Q235-A	
15	垫片	1	耐油橡胶板3707	GB/T 5574—1994
14	安装架	1	HT150	
13	弹簧	1	65Mn	
12	阀门	1	Q275	
11	阀体	1	HT200	
10	支架	1	30	
9	叉形架	1	Q235-A	
8	螺栓 M10×65	2		GB/T 5781—2000
7	螺母 M10	2		GB/T 41—2000
6	填料		浸油石棉	
5	填料压盖	1	Q235-A	
4	盖螺母	1	30	
3	小轴	1	Q275	
2	开口销	1		GB/T 91—2000
1	手柄	1	20	

三 通 阀	比例	1:2	共8张	8-1
	质量		第1张	
制图				
设计				
审核				

班级　　姓名　　学号

9-8 读截止阀装配图(选读题,装配体直观图见154页)。

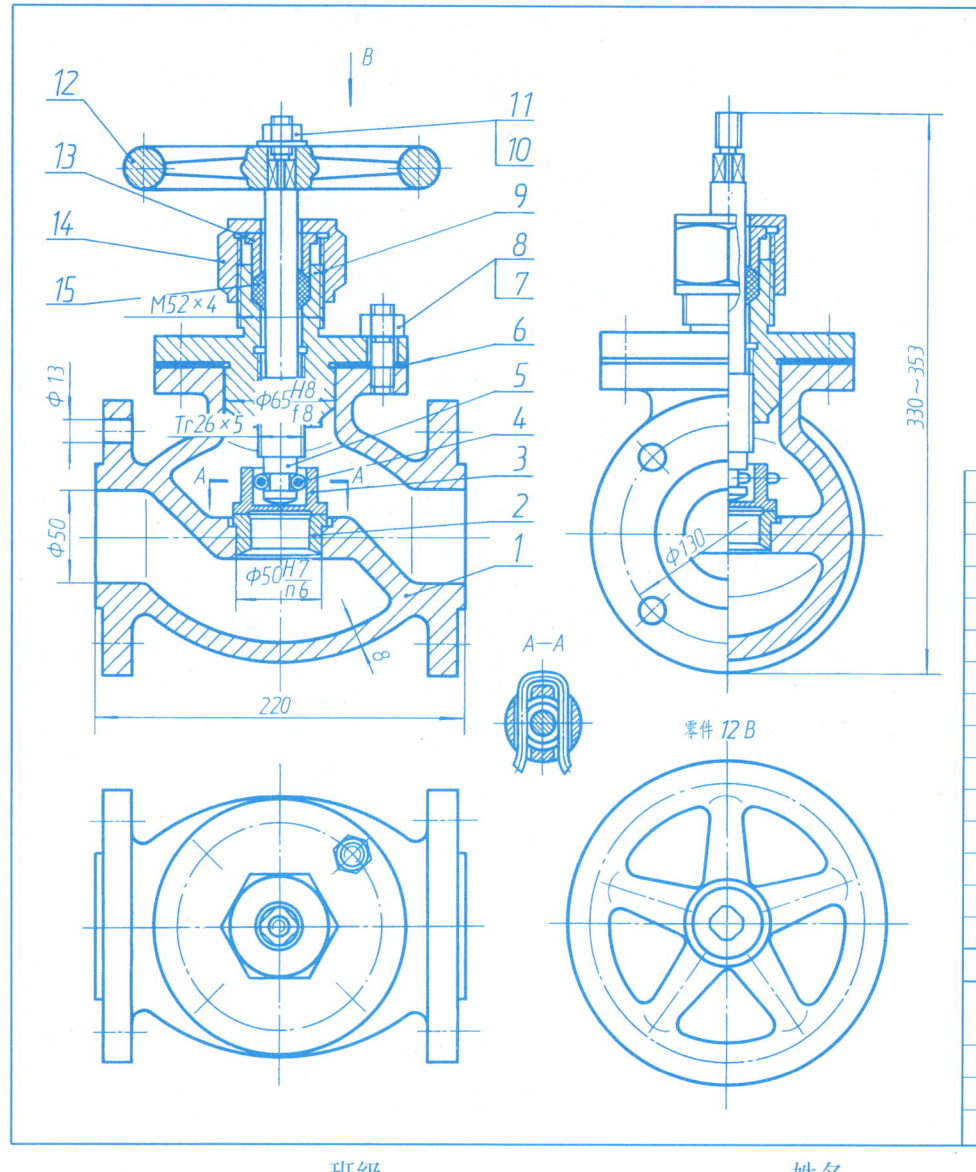

工作原理
截止阀是控制输液管路中的一个启、闭装置,逆时针转动手轮12,阀杆5随之转动,通过与阀盖9间螺纹的传动作用,使其上升,并由插销4带动阀盘3上升,管路接通,液体输入。顺时针转动手轮,阀盘下降,堵住通道,输液则停止。

技术要求
1. 常用压力 $p = 1.57$ MPa。
2. 装配后进行水压试验和密封性试验。

15	填料		浸油石棉	
14	盖螺母	1	ZCuSn5Pb5Zn5	
13	压盖	1	ZCuSn5Pb5Zn5	
12	手轮	1	HT150	
11	螺母 M12	1		GB/T 6170—2000
10	垫圈 12	1		GB/T 97.1—2002
9	阀盖	1	ZCuSn5Pb5Zn5	
8	螺母 M10	4		GB/T 6170—2000
7	螺柱 M10×30	4		GB/T 898—1988
6	垫片	1	软钢纸板	GB/T 365—1986
5	阀杆	1	H96	
4	插销	1	Q215-A	
3	阀盘	1	ZCuSn10Zn2	
2	阀座	1	ZCuSn10Zn2	
1	阀体	1	ZCuSn5Pb5Zn5	
序号	名 称	数量	材 料	备 注
截 止 阀	比例	1:2	共张	02
	重量		第张	
制图				
设计				
审核				

班级　　　　　姓名　　　　　学号

9-9 读减速机装配图(选读题,装配体轴测图见154页)。

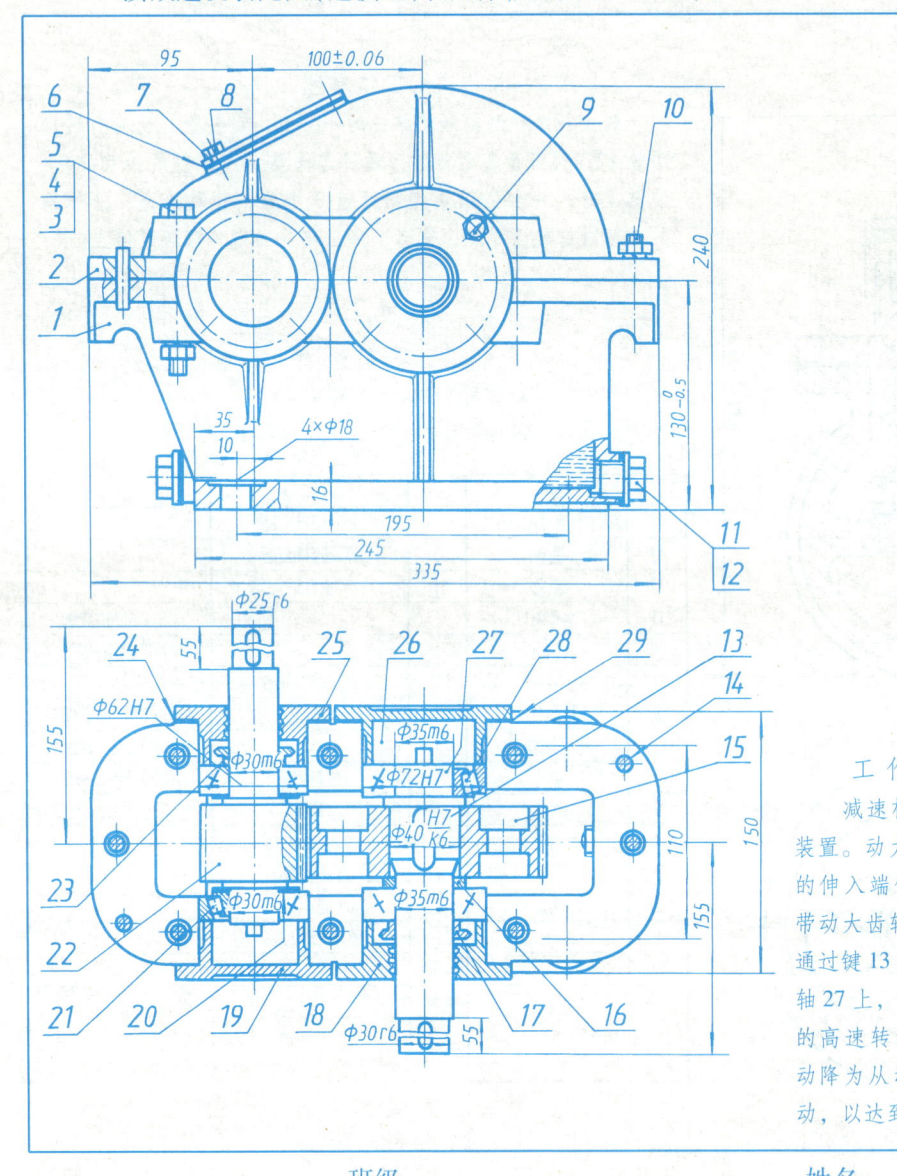

29	调整垫片	2	08F	
28	滚动轴承30207	2		
27	轴	1	45	
26	端盖	1	HT200	
25	可通端盖	1	HT200	
24	调整垫片	2	08F	
23	甩油环	1	Q235	
22	齿轮轴	1	38SiMnMo	
21	滚动轴承30206	2		
20	挡油环	2	Q235	
19	端盖	1	HT200	
18	可通端盖	1	HT200	
17	甩油环	1	Q235	
16	定距环	1	Q235	
15	齿轮	1	35SiMn	
14	销 8m6×35	2	45	GB/T 119.1—2000
13	键 12×8×35	1	45	GB/T 1096—2003
12	垫圈	2	石棉橡胶纸	
11	螺塞	2	Q235	
10	螺栓 M10×40	2	Q235	GB/T 5782—2000
9	螺栓 M8×20	16	Q235	GB/T 5782—2000
8	螺栓 M6×16	4	Q235	GB/T 5782—2000
7	视孔盖	1	Q235	
6	垫片	1	石棉橡胶纸	
5	螺母 M10	8	Q235	GB/T 6171—2000
4	垫圈 10	8	65Mn	GB/T 93—1987
3	螺栓 M10×90	6	Q235	GB/T 5782—2000
2	机盖	1	HT200	
1	机体	1	HT200	
序号	名 称	数量	材 料	备 注

工作原理

减速机是一种减速装置。动力从齿轮轴22的伸入端传入,齿轮轴带动大齿轮15旋转,并通过键13将动力传递到轴27上,从而将主动轴的高速转动,经齿轮传动降为从动轴的低速转动,以达到减速的目的。

ZD10减速机 比例 1:4 共1张 第1张

十、第三角画法 10-1 绘制、识读第三角视图。

1. 根据轴测图，徒手画出六个基本视图。

2. 根据主、俯、右三视图，补画左、仰、后三视图。

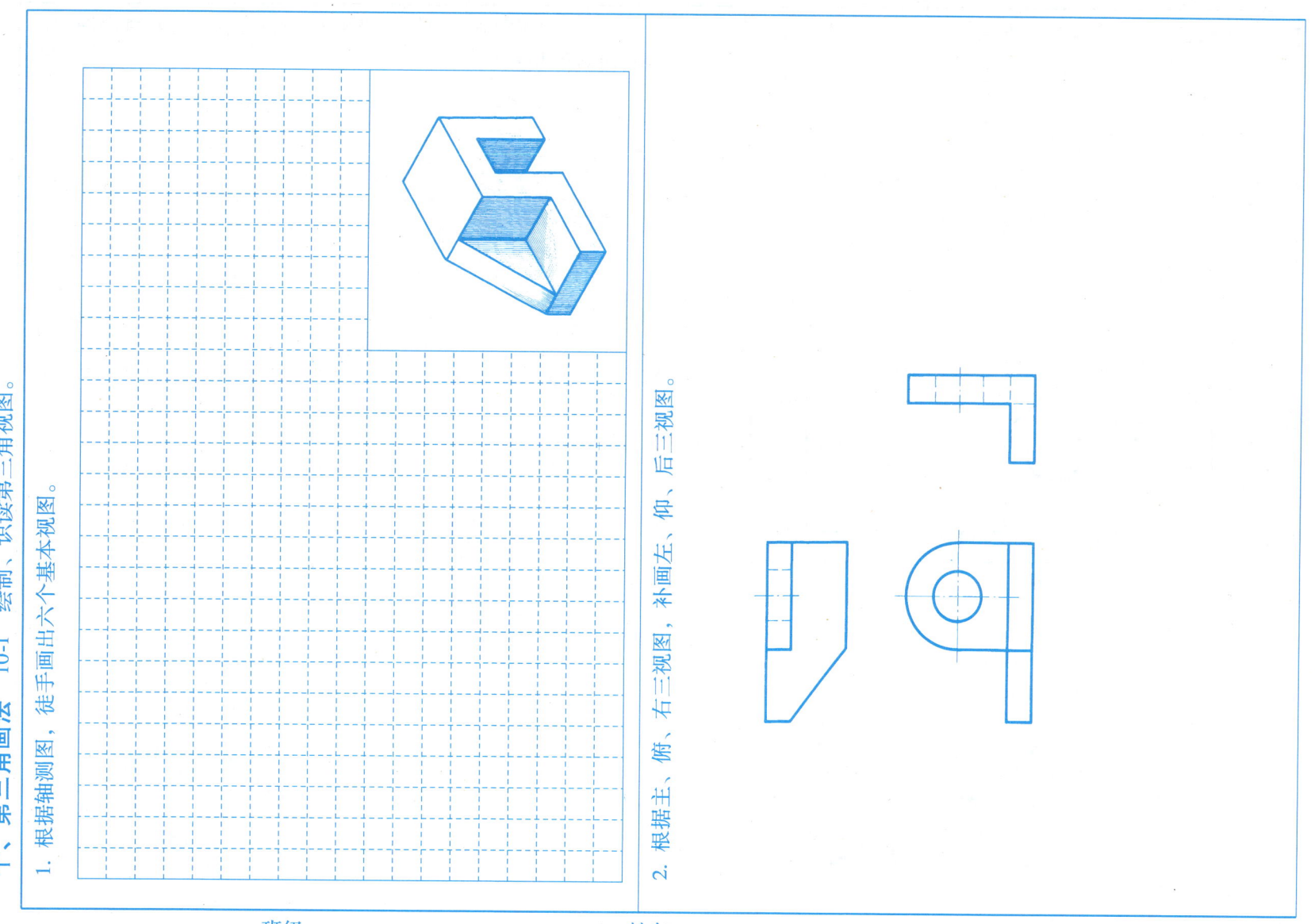

班级　　　　　姓名　　　　　学号

10-2 读第三角视图。

1. 根据主视图、右视图，补画俯视图。

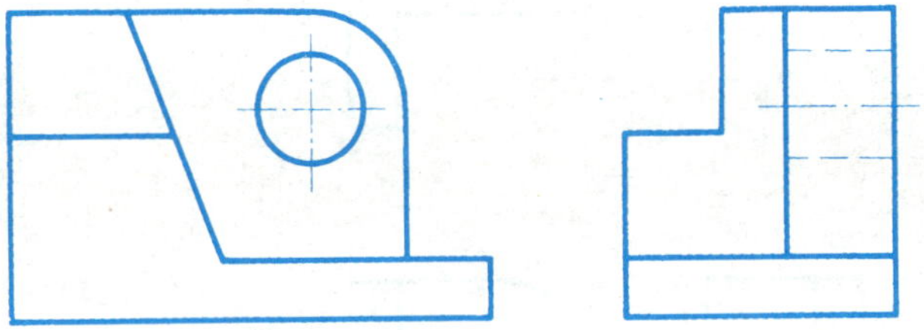

2. 根据轴测图画主视图、俯视图、右视图（尺寸从轴测图中量取，两圆孔为通孔）。

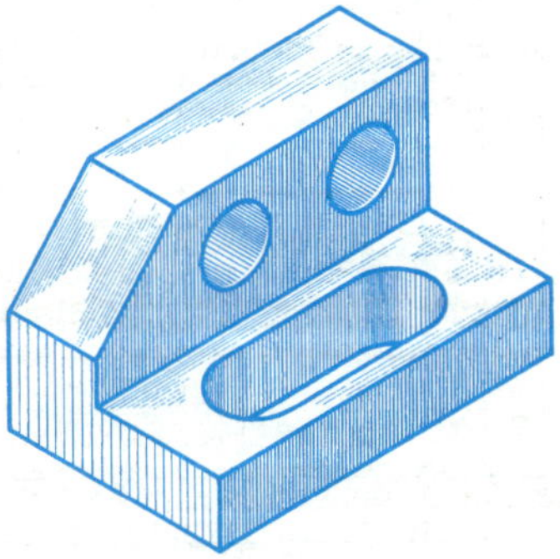

班级　　　　　　　　　　　姓名　　　　　　　　　　　学号

10-3 读第三角零件图(零件轴测图参看 152 页)。

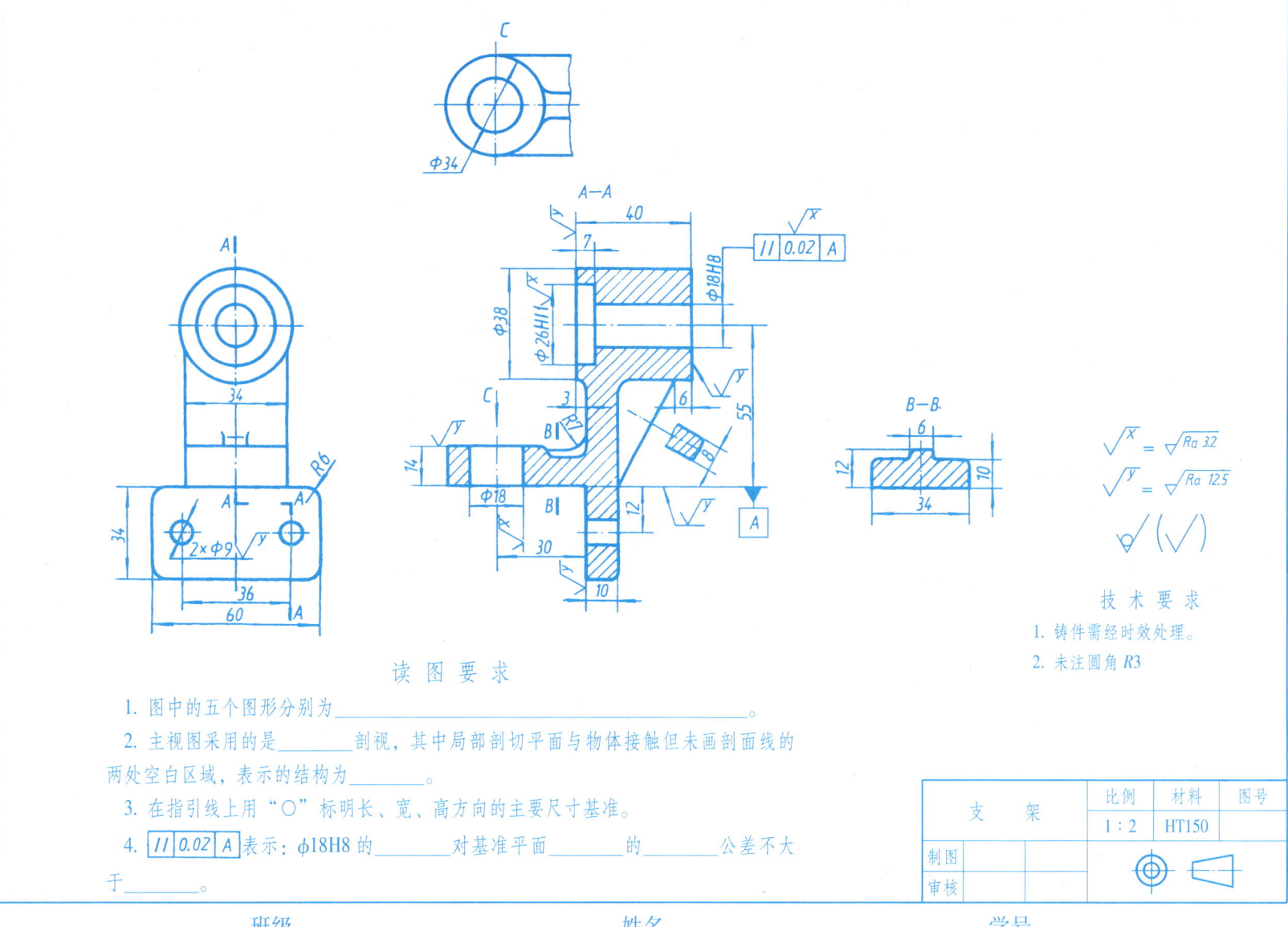

读 图 要 求

1. 图中的五个图形分别为_____。
2. 主视图采用的是_____剖视,其中局部剖切平面与物体接触但未画剖面线的两处空白区域,表示的结构为_____。
3. 在指引线上用"○"标明长、宽、高方向的主要尺寸基准。
4. ⌖|0.02|A 表示:φ18H8 的_____对基准平面_____的_____公差不大于_____。

十一、其他图样 11-1 求直线的实长(保留作图线)。

1. 用直角三角形法求直线段 AB 的实长。

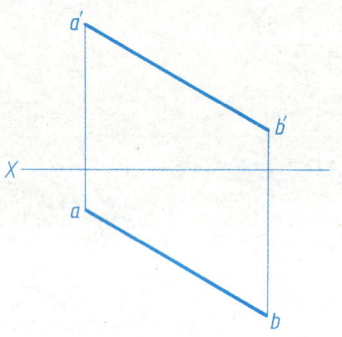

2. 用旋转法求直线段 AB 的实长。

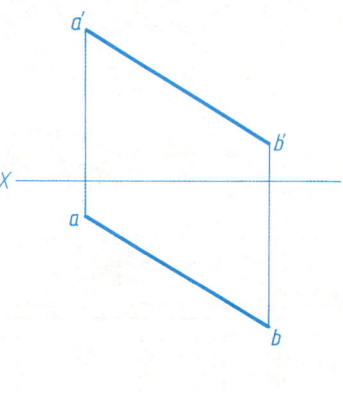

3. 用旋转法求棱线实长，画正四棱台的表面展开图。

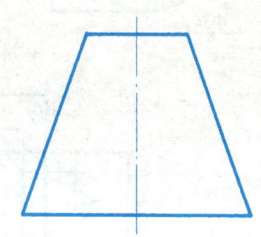

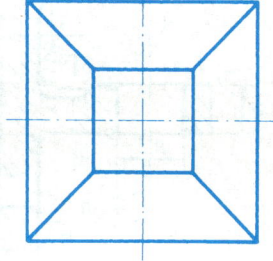

11-2 展开图作业。

作业 11　制 作 纸 型

（一）目的

熟悉展开图的绘制过程。

（二）内容与要求

1. 按教师指定的题目，用 A2 图纸绘制展开图。
2. 将展开图剪下来，粘贴成纸型。

（三）注意事项

1. 将制件按组合特点，分解成若干部分。
2. 相交的两体，应先在投影图上求出相贯线的投影，然后分别将两体的表面展开。
3. 画展开图时要合理地安排图纸，避免超出图纸或图形重叠。
4. 作图力求准确，可全部用细实线描深。
5. 不必标注尺寸。
6. 粘贴组合时，注意各部分接口的方位应与图例一致。
7. 粘贴之前，请阅读"制作纸型注意事项"。

（四）图例

右图（也可作为作业题）。

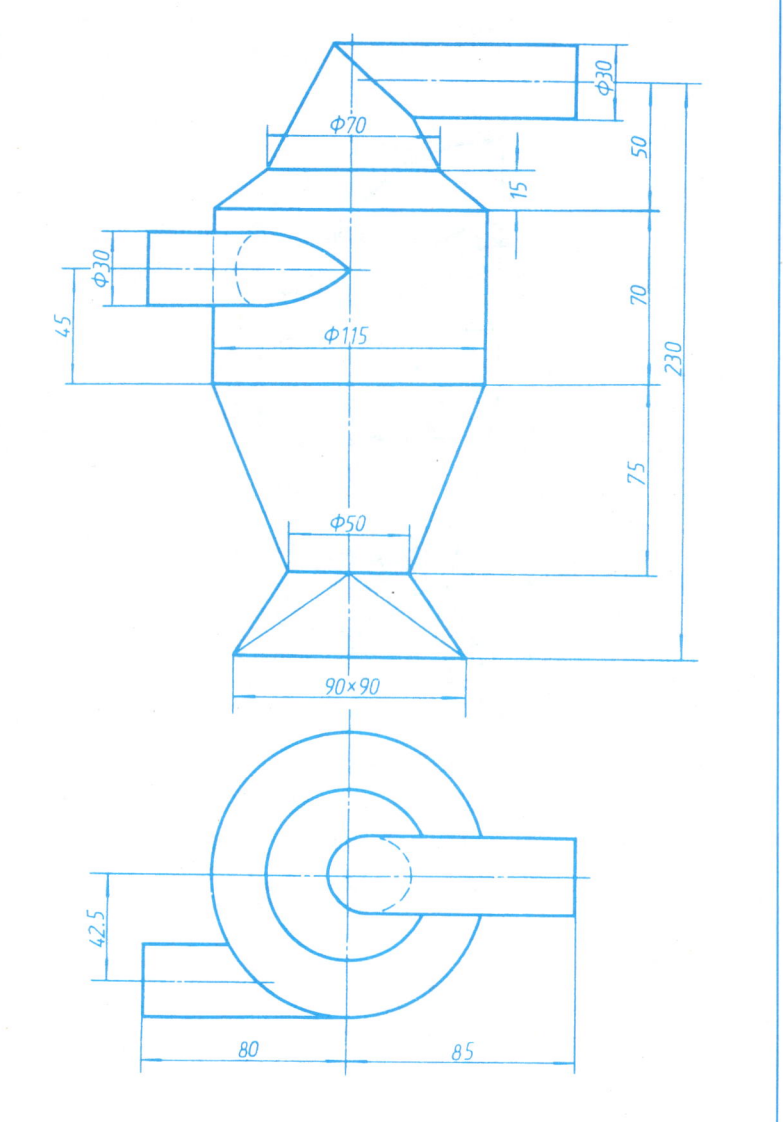

| 班级 | 姓名 | 学号 |

11-3 展开图作业题。

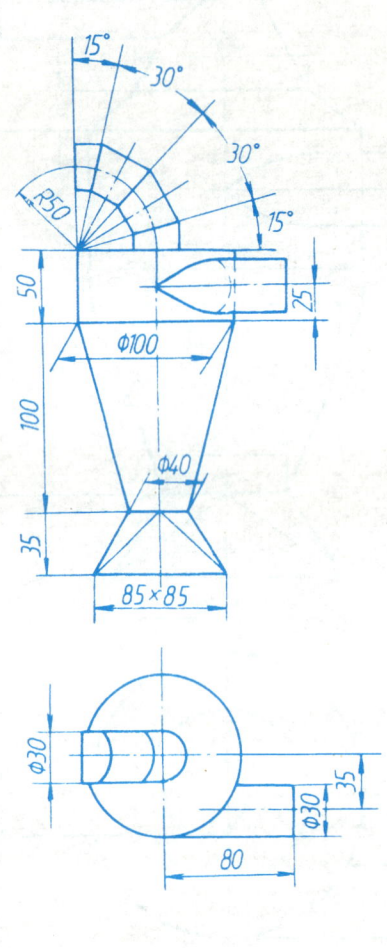

制作纸型

将制件的各部分展开图用剪刀剪下来，用胶带纸（或浆糊）进行粘贴组合，作成制件的纸型。

注意事项：

1. 每一组成部分接缝处都要留出一定的余量（如下图的细虚线部分），以便于粘合。

2. 各组成部分之间的接缝处，也要留出一定的余量，以便于相互粘合，如下图（细虚线为剪口线）。

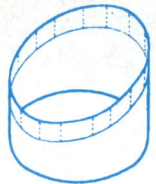

3. 粘贴时要对齐，不要歪斜。发现展开图画得不够准确的地方，可作必要的修正。

班级　　　　　姓名　　　　　学号

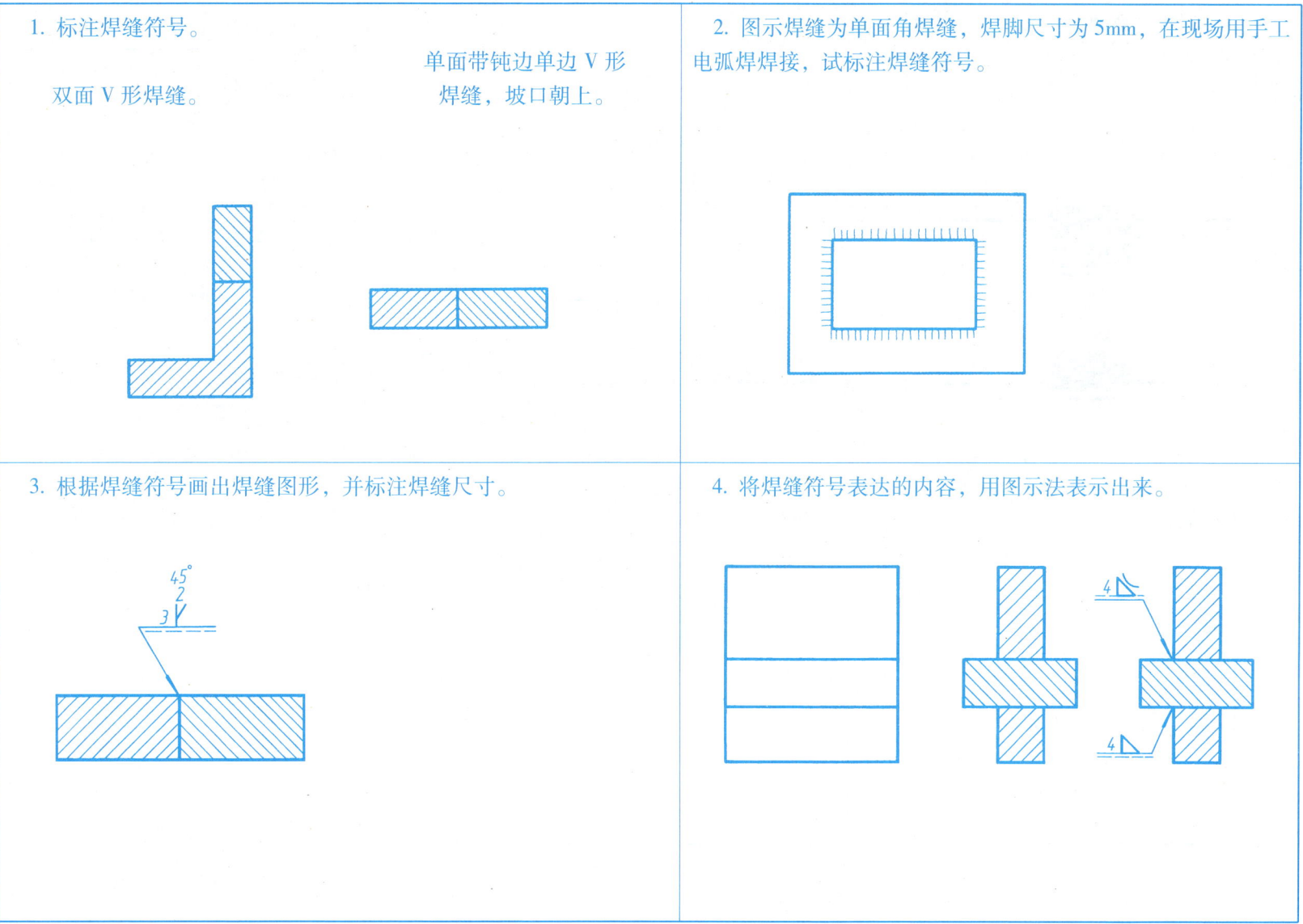

11-5 焊缝符号的标注与识读。

1. 将左图的焊缝图形，用焊缝符号表示在右图上。

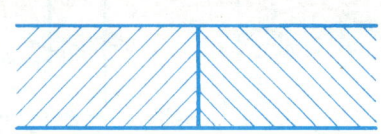

2. 左图焊缝为单面角焊缝（焊脚尺寸为4mm），试用焊缝符号将其图示内容标注在右图上。

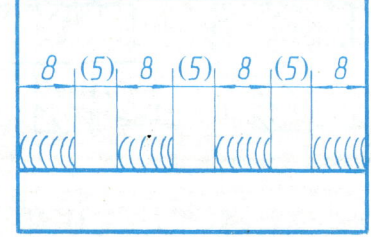

3. 填空说明焊缝符号的意义。

(1)

工件____面有____焊缝，焊缝表面为____面，焊脚尺寸为____，____为210mm，焊脚在____侧。

(2)

____焊缝在_____侧，焊缝____为____，____为210mm，焊接方法为_____。

(3)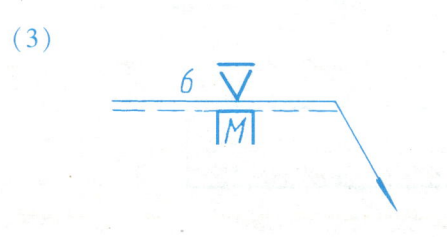

____焊缝在_____侧，焊缝表面为____面，焊脚尺寸为_____，背面底部有_____。

班级　　　　　姓名　　　　　学号

11-6 管路图基本知识练习。

1. 根据立面图完成平面图,并补画出左视图。

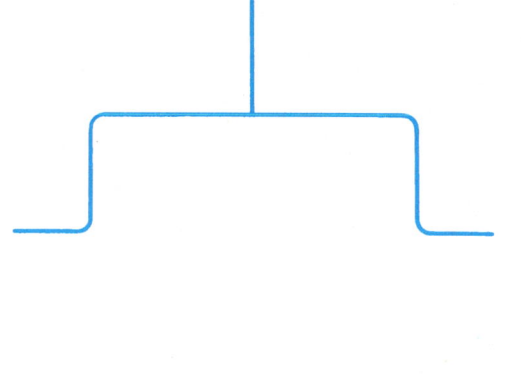

2. 根据平面图和立面图,补画左、右视图,并画出其管路的轴测草图。

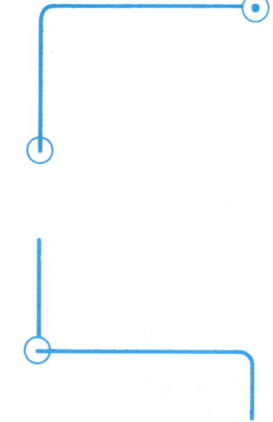

3. 根据管路轴测图,画其主、俯、左、右四面投影(2∶1)。

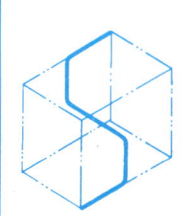

4. 根据平面图并参照轴测图,画出其立面图和左视图,再用指引线标出相应的投影符号。

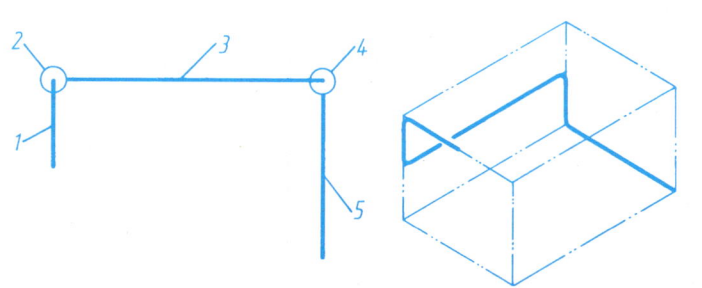

| 班级 | 姓名 | 学号 |

11-7 根据管路的主、俯视图(参照其轴测图)，补画左视图。

1.

2.

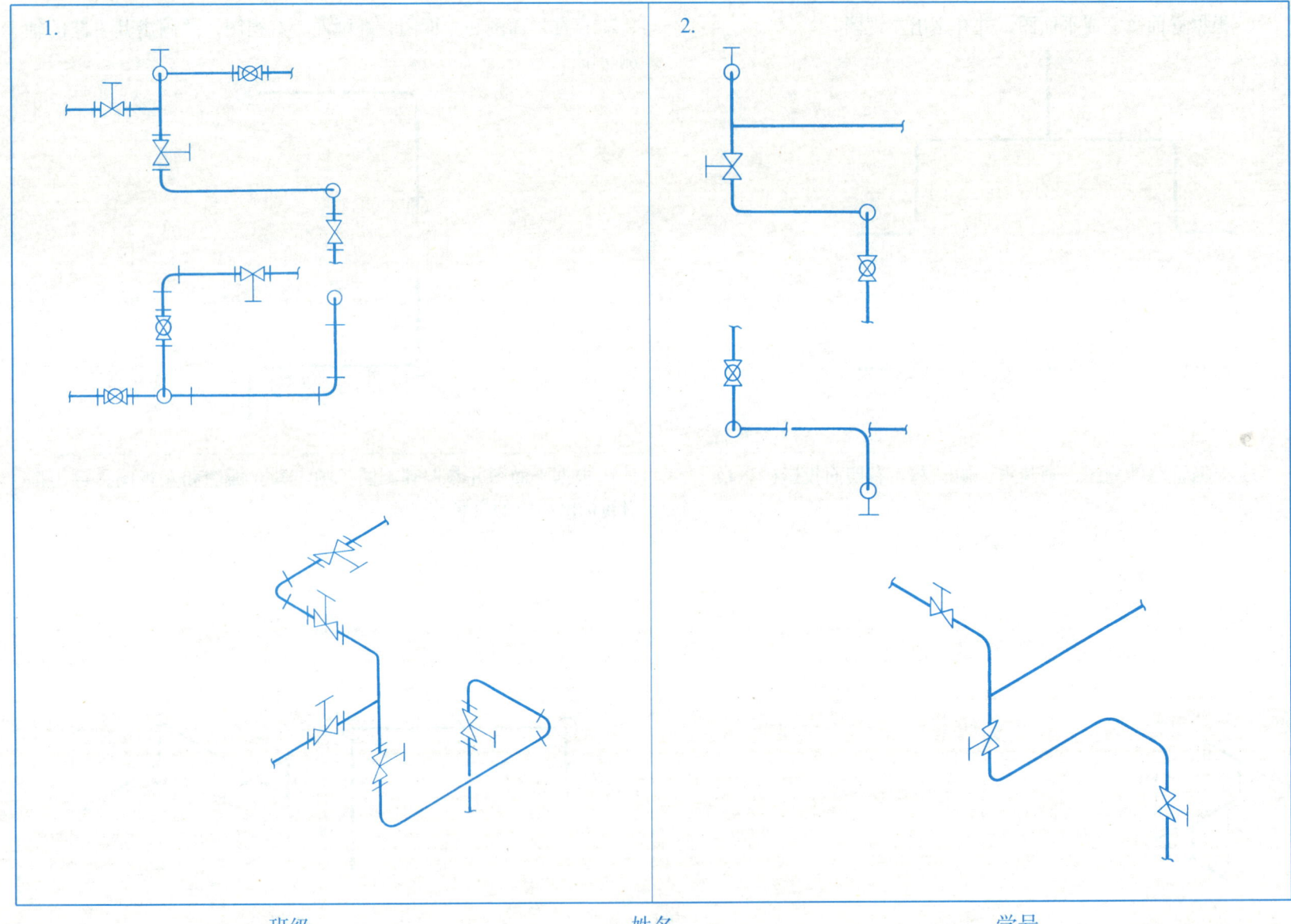

班级　　　　　　　　姓名　　　　　　　　学号

十二、选做题答案　12-1　选做题答案。

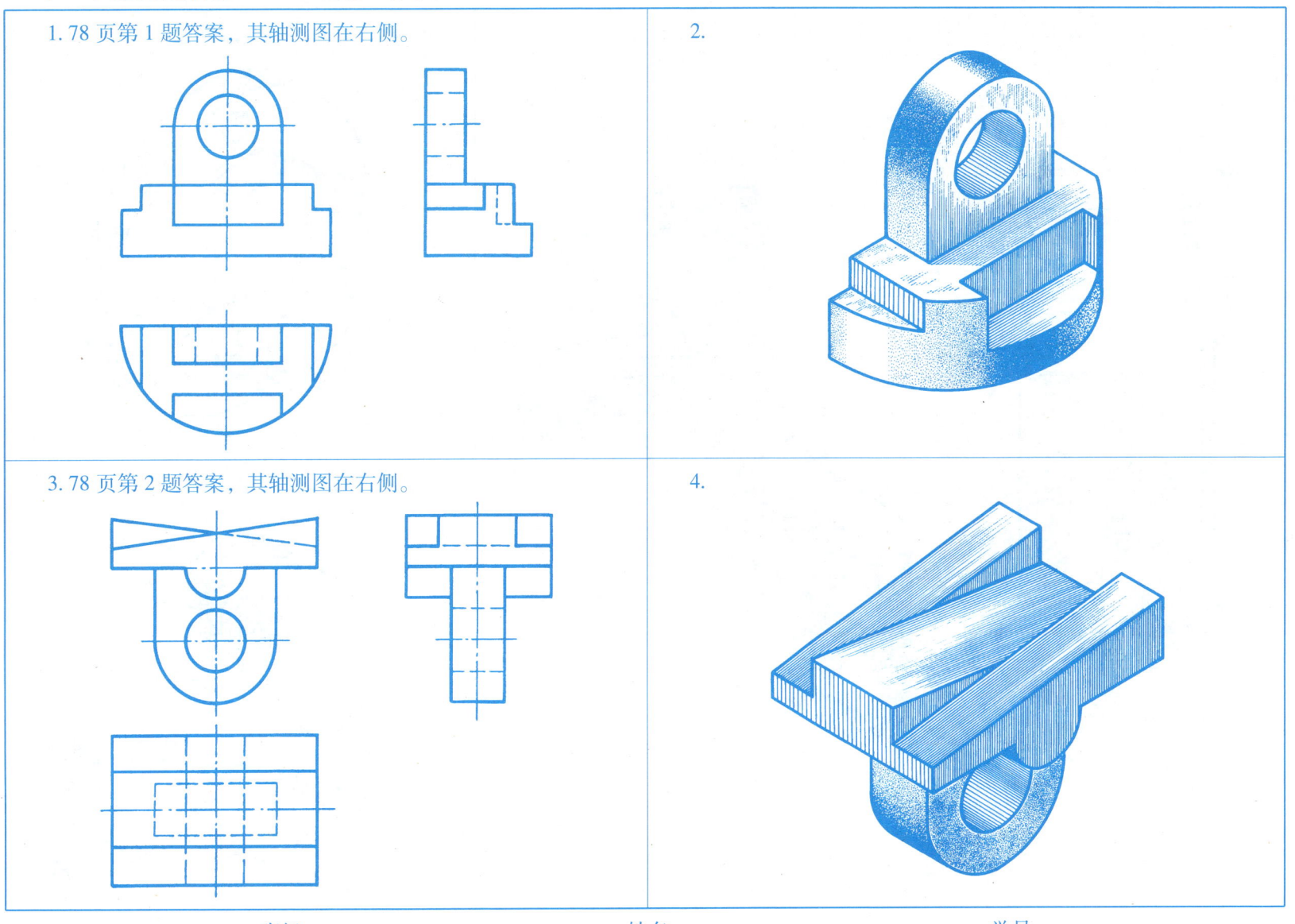

1. 78 页第 1 题答案，其轴测图在右侧。

2.

3. 78 页第 2 题答案，其轴测图在右侧。

4.

班级　　　姓名　　　学号

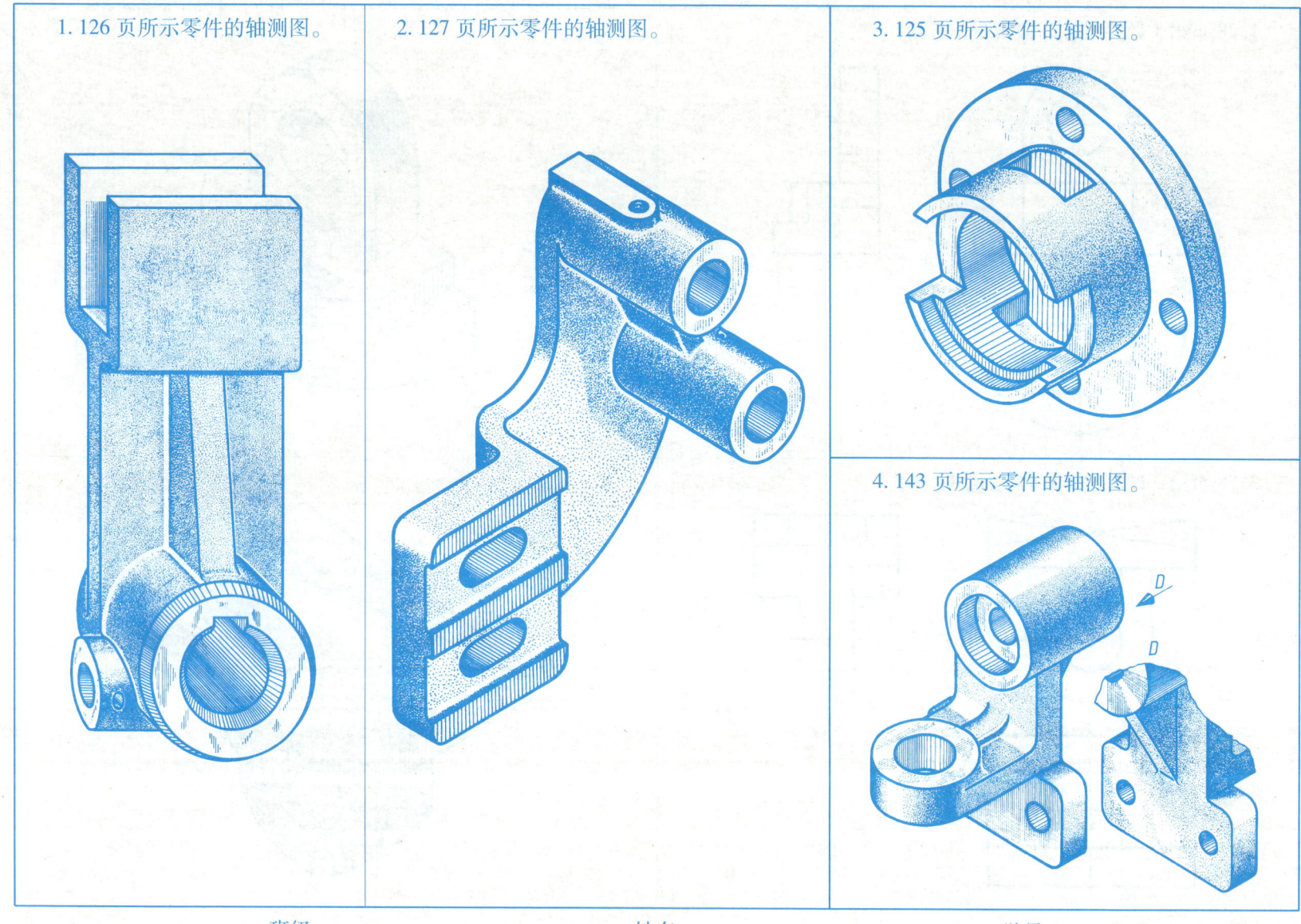

12-3 选做题答案

1. 128 页所示零件的轴测图。

2. 129 页所示零件的轴测图。

3. 137 页所示钻模的装配轴测图。

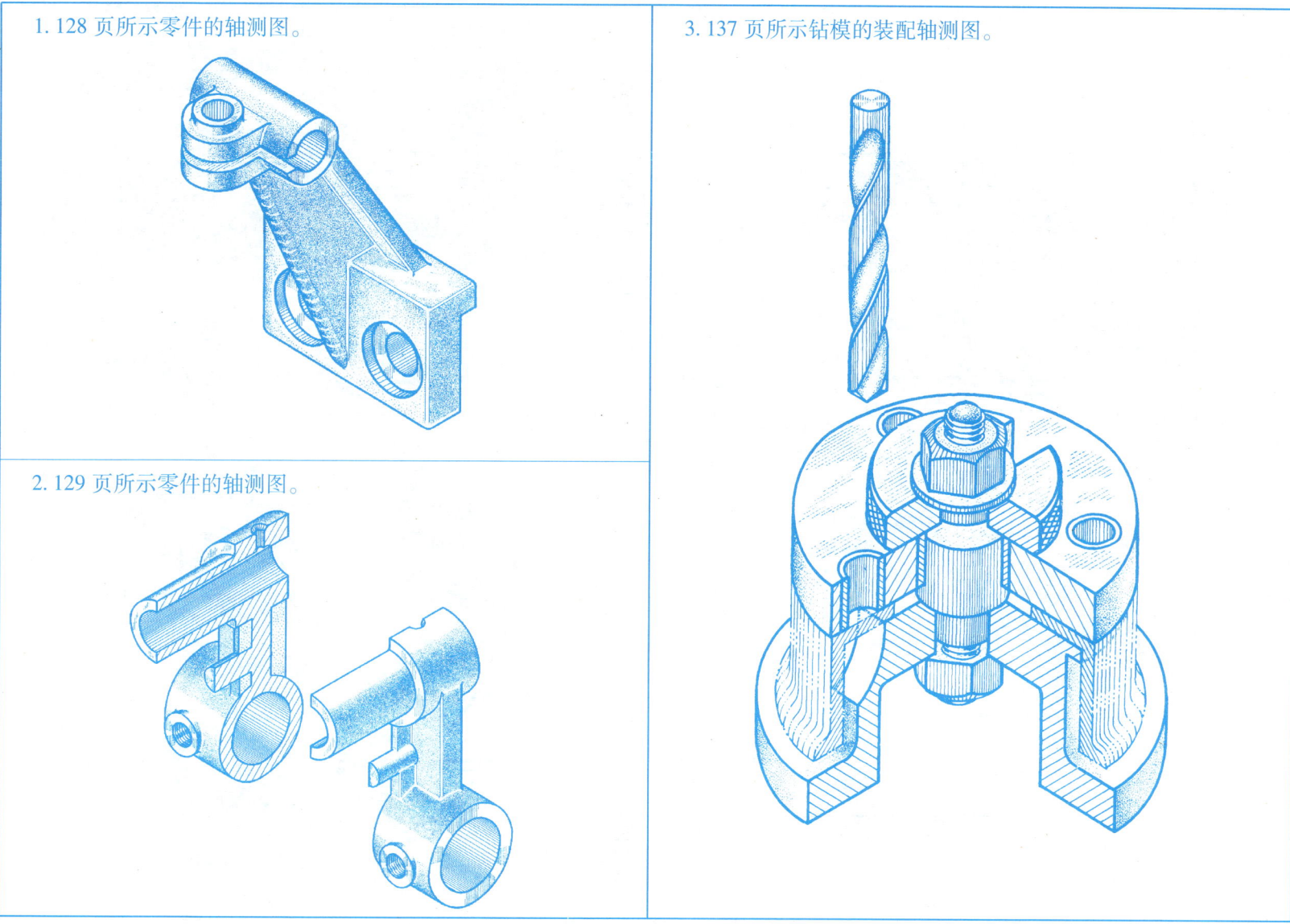

班级　　　　　　姓名　　　　　　学号

153

12-4 截止阀、减速机及其机座、机盖直观图、轴测图。

1. 139页所示截止阀的直观图。

结构图

外观图

1—阀体 2—阀座 3—阀盘 4—插销 5—阀杆 6—垫片 7—螺柱 8—螺母
9—阀盖 10—垫圈 11—螺母 12—手轮 13—压盖 14—盖螺母 15—填料

2. 140页所示减速机的轴测图。

主动轴
从动轴

3. 130、131页所示零件的轴测图。

班级　　　姓名　　　学号

154